Mais vous le savez — toutes ces opérations de *pratique* ne sont que des applications bien faciles des théories générales et il ne se découvre dans les sciences aucune proportion, qui ne puisse être le germe de mille inventions utiles.

Cuvier.
Rapport sur les progrès des sciences.

ELEMENTA NOVA
GEOGRAPHIAE
ET
STATISTICES MEDICINALIS

SCRIPSIT

AEMILIUS ISENSEE

MEDICINAE CHIRURGIAE ARTISQUE OBSTETRICIAE DOCTOR,
MEDICUS ET CHIRURG. OPERAT. BEROLINI PRACTICUS,
SOCIETAT. MEDIC. CHIR. HUFELAND. SODALIS.
IN ACADEMIA FRIDERICA GUILELMA BEROL. DOCTOR.

BEROLINI A. MDCCCXXXIII.
TYPIS G. REIMERI.

VIRIS

ILLUSTRISSIMIS OCULATISSIMIS AMPLISSIMIS

ERNESTO HORN

JOANNI NEPOM. RUST

JOANNI SCHULZE

PRAECEPTORIBUS FAUTORIBUS VENERANDIS

SUMMA QUA DECET VERECUNDIA

MANCA QUIDEM NOVAE HUIUS GEOGRAPHIAE INITIA

D. D. D.

Aemilius Isensee.

Fundamenta quaedam non satis laudanda constituendae morborum geographiae, quae auctores veteris nostrique aevi sparsim iecerant, viri celeberrimi Cartheuser [1]), Finke [2]), Schnurrer [3]), Marshall [4]), aliique congerere studuerunt.

Quae ad methodum emendandam contribuant, illust. Herder [5]), Clark [6]), Becker [7]), Johnson [8]), notitias et exempla praebuerunt.

---

1) J. F. Cartheuser, de morbis endemiis. Francof. 1771.

2) L. L. Finke, Versuch einer allgem. medicinisch-practischen Geographie. Leipz. 1792—95.
Ueber das verschiedene Verfahren der Völker bei Krankheiten. Lingen 1789.

3) Fr. Schnurrer, Geographische Nosologie, oder Lehre von den Veränderungen der Krankheiten in verschiedenen Gegenden der Erde. Stuttgard 1814.
— — Chronik der Seuchen, oder die Krankheiten historisch-geographisch betrachtet. II. Tom. Tübing. 1822—25.

4) H. Marshall, in Edinburgh med. surg. review. Jan. 1833.

5) Herder, Ideen zur Philosophie der Geschichte der Menschheit. 1 Th. p. 89 sq. Riga 1784—91.

6) J. Clark, Beobachtungen über die Krankheiten auf langen Reisen etc. A. d. Engl. Kopenh. 1798.
— — Ueber Südeuropa in climat. Hinsicht. A. d. Engl. m. Zusätzen von C. A. Fischer und C. F. Harless.
— — the influence of climate in chronic. diseases of the chest etc. Lond. 1829.

7) F. W. Becker, Ueber medicinische Geographie. (Hecker's liter. Annalen der gesammten Heilkunde. Tom. XIX. p. 129 bis 141.)

8) J. Johnson, The influence of tropical climates. 4 ed. London 1833.

Habentur ceteroquin topographiae medicinales vix non cuiuslibet regionis Europae et partis aliarum continentium cultae. Habentur de morbis quibusdam, epidemicis potissimum inexhaustae monographiae: monographiarum scilicet est quo degimus saeculum.

Desideratur sane uti aliarum in medicina ita et huius tenuis licet novaeque disciplinae, philosophia practica; nam si colligendo tantum continuaretur, praeter lexicon quoddam rerum in medicina geographicarum, rudis indigestaeque molis summarium, quem fructum e climatis in morbos momento capescendum exspectes?

Desiderantur ceteroquin accuratae finium morborum delineationes. Singulorum descriptiones exactissimae tabulisque illustratae exstant [1]); imo, quemadmodum de animalium [2]) et plantarum [3]) distributione geographica tabulae adsunt [4]), ita tabula mundi nosographica exarata quidem est [5]). Qua, cum nomina tantum morborum indicentur, neque edocemur, quas orbis antiqui et novi partes morbi late regnantes obsident, neque fines, quos reliqui invicem sibi opponunt. Nullus ad soli et climatis vegetabilem indolem respectus habetur. Quae tantam in morborum seminia fecundanda virtutem exercent, humani generis vesca, vestimenta et habitationis loca, cum plantarum et animalium distributione in diversis

---

1) v. g. Annesley diseases of India; Matthiae: über das gelbe Fieber; Wagner: über die Verbreitung der Cholera im Preussischen Staate.

2) E. A. G. Zimmermann, Specimen zoologiae geographicae quadrupedum etc. Lugd. Bat. 1777. in tabula zoographica adjuncta.

3) J. F. Schouw, Pflanzengeographischer Atlas zu den Grundzügen einer allgem. Pflanzengeographie. (A. d. Dän. v. Verf.) Berlin 1823.

4) J. B. Wilbrand und F. A. Ritgen, Gemälde der organischen Natur. Giessen 1819.

5) F. Schnurrer, Karte üb. d. geograph. Ausbreitung d. Krankheiten. Vorgelegt der Versammlung deutscher Naturforscher und Aerzte zu München, am 22sten September 1827.

terrae regionibus diversa et reliqua omnia quae locum sanum vel damniferum reddunt, satius intelligi et in pathogenia perpendi nequeunt, nisi *de soli, climatis, plantarum, animalium et hominum distributione geographica conspectum* quendam — non sine studio quidem e tanta rerum congerie eligendum — praemiseris.

Primo scilicet adspectui, morbi certe plurimi cum plantarum et animalium summa multitudine inter tropicos v. gr. interiecti occurrunt. Similia quaedam invenies, si abis e tropicis in acuminatas istas continentium partes, quae in australem oceani partem porriguntur et in vastissimam terram, quae in hemisphaerio boreali arcticum polum circumjacet; similia, si montem conspicuum in calida regione ascendis. Ascendunt enim, uti plantae et animantia, ita morbi quoque ad certam quandam montium altitudinem: quod de febre intermittente, de scrophulis, de hydropsiis aliisque paucis vulgo notum est, sed ad omnes morbos, diversissimo licet gradu, respicit.

Qualia quidem totque alia, quo modo in constituenda geographia medicinali pervestigari possent ac in ordinem disponi, sensim indicabimus. Hae vero pagellae ea magis de causa scriptae sunt, ut leges adumbrarentur, quas in morborum dipositione in orbe terrarum suspicamur latentes. Quemadmodum enim reliqua in rerum natura phaenomena, licet primo adspectu nullis regulis adscripta videantur, certas tamen ac distinctas normas prosequuntur, ita et morborum disseminationem praescriptis legibus subiectam esse coniicies.

Attamen hae leges morborum geographicae longe difficilius dignoscuntur, quam istae quae in distributione plantarum, animalium et hominum observantur: primum enim morbos, qui scilicet per se non conspiciuntur, sed in singulis aegrotantibus reconditi latent, in paucissimis terrae regionibus eadem diligentia a medicis, pari rerum physicarum notitia instructis, observatos et inter se exactius comparatos evolvere licuit; tum causae, de quibus varia morborum in eodem loco distributio pendet, raro apertae et plerumque complicatae sunt; dein ipsa morborum distributio diversis temporibus diversa; momentum denique multiplex, quod soli et climatis natura, usus, consuetudo, nutrimenta, ac plantarum potissimum et animalium hominumque ipsa distributio in augenda et limitanda morborum divulgatione sibi vindicant, explicari debet.

Qualia si funditus disquirere velles, (cui studio, his pagellis vix indicato, sublevando, rem litterariam e librorum farragine maxime accumulato, quantum in nobis fuit, selectam et chronologico q. d. ordine dispositam adspergere aptum videbatur,) primo loco singulae recensendae forent conditiones geographicae, quae in morborum distributionem virtutem exercent; secundo autem distributio ipsa singulaeque eius conditiones indagari possent.

Quippe quidem geographia medicinalis, ad nudas de morbis in variis terris notitias non amplius restringenda est — quia e tali rem tractandi genere, quale hucusque fuit, neque ea, quae morborum naturam geographicam in genere docere, neque commoda, quae morborum medelam adiumentis veris illustrare et adiuvare possint, adipiscenda sunt — sed institutiones analogas de plantarum, animalium, hominumque geographia cum rerum physicarum, climatum praecipua differentia comparatas in suum vertat emolumentum.

AD PARTIS INSTITUTIONUM PRIORIS conditiones morborum geographicas adumbrantis librum primum.

De re geognostica et geologica.

Soli indoles ac natura plantis, animalibus, hominibus eorumque morbis fundamento est, eoque in singulis quibuslibet terrae regionibus tam vario ac gravi, ut ad intelligendam omnium istorum distributionem, quantum fieri potest, nota esse debeat. Diversissima nimirum regionum facies, vegetationis tam varia forma et animalium disseminatio adeo inaequalis omnisque cultae et incultae terrae differentia, eiusque multifaria in morbos procreandos vis, a *soli* conditione manifeste pendent. — Sed haec de geognosticis.

Geologica vero alia de causa respicienda sunt, etiamsi arctius ad historiam naturalem, quam ad geographiam medicinalem pertineant: interesse enim poterit, distributionem plantarum et animantium, qualis olim fuit, et qualis nunc est, comparatam habere. Jamque residua ista plantarum et animalium antediluviana in diversis terrae formationibus distributa rudimenta sunt, e quibus ad pristinam vegetantium [1]) et

---

[1]) Ad rem literariam plantarum fossilium.

Graf K. Sternberg, Versuch einer geognostisch-botanischen Darstellung der Flora der Vorwelt, 4 fasc. in Fol. Regensburg 1820—25.

Rhode, Beiträge zur Pflanzenkunde der Vorwelt.

v. Schlotheim, Petrefaktenkunde. (cf. pg. 6.) Nachträge zur Petrefaktenkunde.

— — Beiträge zur Flora d. Vorwelt. 1ste Abth. mit 14 Kpf. Gotha, 1820.

Observations sur les végétaux fossiles renfermés dans les grecs de Hör en Scanie. Ann. des sciences naturelles. T. 4. p. 200.

Note sur les végétaux fossiles de l'oolithe de Mamers. Ann. des sciences nat. T. 4. p. 416.

Nilson, Sur les végétaux fossiles de Hör en Scanie. Mém. de l'acad. des sciences de Stockholm 1820. vol. 8. p. 284.

Martius, De plantis nonnullis antediluvianis, ope specierum inter tropicos nunc viventium illustrandis. Ratisbonae, 1822.

Parkinson, Organic remains.

Agardh, Mémoires de l'academie des sciences de Stockholm 1823.

Observations sur quelques végétaux fossiles du terrain houiller. Ann. des scienc. nat. T. 4. p. 200.

Sur quelques végétaux terrestres fossiles qui se trouvent dans les grès vert en Scanie. Mém. de l'acad. d. scien. de Stockholm 1824. v. 1. p. 143.

Artis, Antediluvian Phytology. London, 1825.

Steinhauer, Transact. of the amer. Philos. society. Tom. 1.

Sur la classification et la distribution des végétaux fossiles. Mém. du Muséum. Tom. 8.

animantium [1]) per antediluvianam orbis superficiem disseminationem facere licet conclusionem. Quae fieri nequit, nisi massae strataque formationum, in quibus singulis singula residua occurrunt, aliquo modo intellecta fuerint. Debet ergo, si historiam geographiae plantarum et animalium cognoscere eamque cum hodierna comparare velis, conspectus quidam, licet exiguus, notitiae praeberi, quam de istis omnibus nuperrime adquisitam habemus.

Observations sur les fucoïdes et sur quelques autres plantes marines fossiles. Mém. de la société d'histoire naturelle de Paris. Tom. 1.

Brongniart, prodrome d'une histoire des végétaux fossiles. Paris et Strassbourg, 1828. Op. praestantiss.

H. Witham, Observations on fossil Vegetables accompanied by representations of their internal structure, as sun through the Microscope. Edinburgh, 1831. c. fig.

*) Ad rem literariam animalium fossilium.

Cuvier, ossements fossiles. Op. omnium celeberr.

James Parkinson, Examination of the Mineralized Remains of the Vegetables and Animals of the Antediluvian World; generally termed extraneous fossils. London, 1831. 3 Tom.

Catullo, Saggio di Zoologia fossile. Padoua, 1827.

E. F. v. Schlotheim, Petrefaktenkunde durch Beschreib. seiner Sammlung erläutert mit 15 Kpf. in Fol. Gotha, 1820.

E. F. v. Schlotheim, Nachträge zur Petrefaktenkunde. 2te Abth. Gotha, 1822—23.

W. G. Tilesius, naturh. Abhandl. besond. die Petrefaktenkunde betreff. mit 8 Steintafeln. Cassel, 1826.

Fossile Conchilien in den Schneegebirgen Tibets. Fror. Not. D. C. C. XXI. 266.

Marcolini, sulle mumie de Venzone. D. C. C. V. 15. in Fror. Not.

Berichte über angebliche fossile Menschenknochen, Fror. Not. D. CC. XIII. 135.

E. Benett, Catalogue of the Organic Remains of the Coast of Wilts. Warminster Vardy, 1831. 9 S. mit 18 Steindr.

v. Zieten, die Versteinerungen Würtenbergs oder naturgetreue Abbildungen, der in den vollständigsten Sammlungen, namentlich der in dem Kabinet des Dr. Hartmann befindl. Petrefacten. Stuttgard, 1830.

Fr. du Bois de Montpereux, Conchiologie fossile et apperçu géognostique des formations du Plateau Wolhyni-Podolien. Berlin, Schropp et Comp. 1832.

Constituitur enim pars terrae superficialis, cujus solius tantummodo notionem eamque satis imperfectam habemus, massis, quae duplici modo ortae videntur, quia duplicis generis strata efformant.

Altera enim horizontali vel obliquo eoque regulari quodam modo sibi superimpositae, formationes neptunicae appellantur, quia sedimentis aquae antediluvianae constitutae putantur.

Nam in diversissimis eorum locis animalium et plantarum residua quaedam inveniuntur, quae satis sunt argumento, omnes istas formationes olim liquidas fuisse.

Alterae partes corticis globi vulcanicae, quam dicunt, originis esse censentur.

[Anaxagoras. Aus Feuersbrunst ist dieser Fels zu Handen
Thales. Im feuchten ist Lebendiges erstanden.
Göthe Faust, II. Theil, 1833 [1]).]

Quanta sagacitate viri ill. Sc. Breislac, A. de Humboldt, G. Cuvier, de Buch, Berzelius, Link, Beudant, Boué, Keferstein, Philipps, Brongniart, Ure et alii diversas [2]) de terra histo-

---

1) Sunt certe Geologi qui igni, sunt qui aquis, in genesin singularum terrae formationum nimium tribuunt momentum; de quibus ill. Keferstein: (Tab. üb. d. vergleich. Geognosie. pag. 60.)

„In der Natur scheinen die vulkanischen Bildungen vom „Granit bis zur Lava, viel weniger scharf getrennt, als es „in den Systemen der Fall ist; wahrscheinlich bildeten sich „noch einzelne granitartige Massen in den letzteren Perioden; „viel tragen zum Charakter aller dieser Gesteine wohl die „Verhältnisse bei, unter welchen sie auf die Oberfläche der „Erde hervortraten. Wenn man bisher wohl offenbar die „neptunische Ansicht viel zu sehr ausdehnte, so tritt viel„leicht später eine Periode ein, wo man dem Vulkanismus „zu grosse Ausdehnung giebt, aber desto besser wird man „dann stets die zwischen Extremen in der Mitte liegende „Wahrheit erkennen."

2) Res literaria geologica selecta.

Scipio Breislac, Institutions géologiques. Milano 1818.

A. de Humboldt, Essai géognostique sur le gisement des roches dans les deux hémisphères. 2. edit. gr. 8. Paris 1826.

— — Ueber die Lagerung der Gebirgsarten. A. d. Fr. von C. C. v. Leonhard. Strassbourg 1823.

ria sententias dederunt, neminem fugit. Hoc loco sufficiet, singulas formationes enumerasse. Per montis ignivomi craterem ad intima corticis terrae descendentes, indeque a granites mirae originis mole reduces, omnes formationes usque ad alluvii involucrum supremum, in quo stamus, in tabulis hisce notavimus.

G. Cuvier, Discours sur les révolutions de la surface du globe. 2. edit. Paris 1826.

— — Die Umwälzungen der Erdrinde. A. d. Fr. mit Zusätzen von J. Noeggerath. 2 Bde. Bonn 1830.

L. de Buch, Geognostische Beobachtungen in Deutschland und Italien. Berlin 1802.

L. de Buch, Reise d. Norwegen u. Lappland. Berlin 1810.

Berzelius, Versuch eines Systems die Mineralogie zu begründen. A. d. Schwed. v. A. F. Gehler. Nürnberg 1815.

Link, die Urwelt und das Alterthum, erläutert durch die Naturkunde. Berlin 1821.

Beudant, Voyage minéralogique en Hongrie. Paris 1822.

Boué, mémoire géologique sur l'Allemagne. Paris 1822.

Philipps, über die materiellen Erscheinungen des Universums. A. d. Engl. von Georg v. Theobald. Stuttgard 1826.

Alexandre Brongniart, Tableau des terrains qui composent l'écorce du globe, ou essai sur la structure de la partie connue de la terre. Paris 1829.

Kloeden, Ueber die Gestalt und Urgeschichte der Erde. 2te Aufl. mit 8 Kupfern. Berlin 1829.

Elie de Beaumont, Récherches sur les révolutions de la surface du globe. Paris 1830.

Elemens de géologie par J. J. d'Omalius d'Halloy. Paris 1831.

A. Ure, System of Geology. London 1830.

Tabulae

pristinam plantarum et animantium distributionem illustrantes.

> Que dire sur l'état *actuel* du globe si l'on ne peut repondre à *ces* questions.
> Cuvier
> discours sur les revolutions de la surface du globe 2de. ed. p. 27.

Ad Geognosiam comparatam.			Ad Geographiam nostram.
Formationum terrae:		Residua plant. et animal. contenta	Distributio: in singulis terrae regionibus.
Ordo Genus Species et Synon.	Altitudo, forma externa et al.		
I. *Lavaformation.* Laves *a*) massige Lava. *b*) Lava der Ströme und Kegel. c) Ejecta Gneus Granit Kalkstein. 1) Trachyt 2) Lavae particulae. *aa*) majores (Vulcaniche Bomben). *bb*) minores (Rapilli). *cc*) pulverulentae (Asche). *dd*) cum aqua in limum redacta.	Erumpunt supra altissima montium cacumina infraque maris profundum.	Nulla residua plant. et anim.	Enumeratio Montium adhuc ignivomorum: *Africae* pars continentalis montibus ignivomis destituitur (excepto (?) Semu in Aethiopia). Insula vero Canariensis Teneriffa (Pic de Teyde), Azorica (El Pico) m. ign. habent. Prope I. St. Miguel m. ignivomus *submarinus* extat. M. ign. ins. Amsterdam nunc extinctus esse videtur. Continuat vero vomitum m. ign. ins. Bourbon. *Asia* nullos habere videtur (Damavent (?) in Korasan) Peninsula *Kamschatka* 7, hodie ardentibus m. ignivomis gaudet; Insulae *Kuriles* 9; ins. Jesso 3; Niphon 1, Ximo 2, multisque 5 aliae insulae Kuriles, et 2 Philippinae, et insul. Yolo, Fuego, Mindanao (Sanxil), Sanguir (fortasse *maximo* orbis terrae monte ignivomo). Crateres in 11 insularum Molucc. (Max. Genong Api in Bando in nova Guinea, nov. Britania et nov. Hibernia. Sola Java plus decem habet. *Oceanus* pacificus multos habet prope St. Cruz in Hebridis; 9 in Marianis;

Ad Geognosiam comparatam.			Ad Geographiam nostram.
Formationum terrae:			
Ordo Genus Species et Synon.	Altitudo, forma externa et al.	Residua plant. et animal. contenta	Distributio in singulis terrae regionibus.
			plures in aliis (Schwefel-Ins., Vulkan-Ins., Sandwich-Ins., Owayhi etc.) *Americae* „Cordilleras de los Andes" plus 50 mont. igniv. nunc ardentes habent, e quibus Cotopaxi *activitate* eminet. Plus 24 in aliis Americae locis. Duo in St. Vicent et Guadeloupe. *Europae* montes ignivomi, continentale parte — quam *alias* commoverunt extincta, ardentes hodie tantum habentur in extremis terris. 1) Ins. *Island* undecim continet. 2) Ins. *Liparicae* [1]) quae pumice abundant, per periodos evomunt. Ins. Volcano et Stromboli. 3) *Aetna* cum Vesuvio notissimi. 4) In *Graeciae* pelago, prope Santorinum, insularum *Kameni* pars nunc emergit nunc, extincto igne, submergit.
II. *Basaltes*. Terrain basaltique. Formae speciales. 1) Basalt. 2) Phonolith. 3) Dolerith. 4) Basaltthon. 5) Conglomerata. 6) Basalttuff.	Perfisso multis locis terrae cortice, ignis hanc formationem, liquidam olim, evomuit. Modo per longas vias (Dykes) proserpi, modo in murorum, modo in coni singularis formam elalatus apparet.	Nulla.	*America* non multis locis (Jorullo etc.). *Asiae* quibusdam regionibus: ad *Causasum* ap *Gelati*, in *Syria* pr. *Damascum* in *Yemen* inter *Mocka* et *Medinah*. *Europa* in hac re insignis. 1) *Lusitania* et Hispania singul. locis. 2) *Hibernia* et Scotia mirabiles et propter copiam et formas. 3) *Anglia* (Dykes Toadstone). 4) *Italia* a) superior sing. locis in Euganeis etc.

[1]) cf. Sendschreiben an Hrn. L. v. Buch: „Ueber die geognostischen Verhältnisse der Liparischen Inseln, von Hoffmann" in Poggendorfs Annalen. (1832).

Ad Geognosiam comparatam.			Ad Geographiam nostram.
Formationum terrae:		Residua plant. et animal. contenta	Distributio in singulis terrae regionibus.
Ordo Genus Species et Synon.	Altitudo, forma externa et al.		
	Rarius in plana montana, abundante massa, esurrexit. Conc. crateribus non raro instructi sunt. Crateres ipsi (Maare) denuo evomunt, ut in valle Montpezat in Vivarais, nec ne, iique sicci sunt, aut aqua repleti, nec raro in totos lacus amplificantur.		*b*) inferior pr. Romam et Neapolin. 5) *Hungaria* ad lacum Balatan circa Raab; Schemnitz, et in Comitatu Nograd. 6) *Germania* (Keferstein): *A*. Grofse Basalt-Parallele des nördl. Teutschlands. *a*) Gruppe der vordern Eifel. *b*) Gruppe der hohen Eifel a. d. Mayfelde. *c*) Gruppe des Siebengebirges. *d*) Gruppe des hohen Westerwaldes. *e*) Gruppe des Vogelgebirges. *f*) Gruppe des Rhöngebirges. *g*) Gruppe des Habichtwaldes. *h*) Gruppe von Schlesien, Böhmen und Sachsen. (omnium maximum.) *B*. Basalt-Parallele des südlichen Teutschlands. *a*) Gruppe des Kaiserstuhls (Breisach a. R.) *b*) Gruppe des Högan (c. Hohentweil). *c*) Gruppe der rauhen Alp. 7) *Galliae* (Keferstein). *a*) Zug im mittlern Frankreich. *α*) Gruppe der Auvergne. *β*) — von Velais et Vivarais. *b*) Zug im südlichsten Frankreich. in utroque latere mont. Pyrenaicorum et in iisdem coni singulares, quales etiam ad oras maris mediterranei, (Beziers, Montpellier, Aix) habentur.

Ad Geognosiam comparatam.			Ad Geographiam nostram.
Formationum terrae:		Residua plant. et animal. contenta	Distributio in singulis terrae regionibus.
Ordo Genus Species et Synon.	Altitudo, forma externa et al.		
III. *Trachytes.* Terrain trachitique. *Varietates.* *a*) eigentlicher Trachyt. *b*) Trachytische Porphyre. *c*) Perlite. *d*) Mühlstein. Porphyr. *e*) trachytische Conglomerate und Tuffe cum permultis subdivisionibus e forma, colore etc. petitis.	Massae immensae altissima — Chimborazo — montium cacumina subrotunda (en dômes ou cloches) plerumque elata. Infundibula conique omnium montium ignivomorum hac formatione constitui videntur, quibus reliquae (Lava et Basalt) supersedunt. Rupes coloris plerumque clarioris vix unquam opaci, saepe nitidi et porosi.	Fere nulla. In conglomeratis tantum ligna quaedam in Opalinam massam mutata habentur.	Summos *Americae* montes (praeter Chimborazo et mont. Pitschincha Cotopaxi aliosque; plana montana altissima (Quito et al.) omnesque crateres constituere videtur. Nec insulae Antillae, Canariae, Islandia, Kamschatka, Graecae (Melos, Santorina, Argentiera), Aeolicae (Lipari, Ponca), Sardinia (Rupes, Sassari), Italia (Euganeae, Radiofiani) hic saxis destituuntur. Quibus contra penitus carent, universa Russia, Skandinavia et Britania.
IV. *Gneus.* *Granit.* 1) Gneus Granit veinée Roche micacée avec Quarz et Feldspath. 2) Granit Granite.	Juga format atque planities montanas. Montes cupulosos rarius rupes scopulosas. Montes ard. Rupibus praerupt. pectinatos altissimos (praeter eos qui trachyte f. etc.)	Nulla.	Dominatur in *Europa boreali* in Finnia potiss. omnique Scandinavia. Frequens in Germania (Erzgeb., Riesengeb., Spessart, Oden- u. Schwarzwald). Rarior in Alpibus. Multis Galliae locis (Pyren. Lyon.). In *Italia* nullibi, nisi in Calabria, Corsica, Elba, Sicilia. Ubicunque fere in Graecia. In *America* septentrionali (Alleghany) et meridionali (Peru, Orae orientales). Ad Orenoco torr.; — Caraccas etc.

Ad Geognosiam comparatam.			Ad Geographiam nostram.
Formationum terrae:		Residua plant. et animal. contenta	Distributio in singulis terrae regionibus.
Ordo Genus Species et Synon.	Altitudo, forma externa et al.		
V. *Glimmerschiefer.* Micaslate, Schiste micacée. Roche quarzeuse fissile avec mica.	Massis enormibus. Montes scalaeformes, altos in Alpibus 9000 ped. jugososos etc.	Fortasse nulla.	1) Scotiae dimidiam partem solus constituit. 2) In Anglia nullus. 3) In Scandinavia frequens. In Gallia rarus (Pyren. Arrau., Lys.). In Germaniae Alpib. montib. primitivis orientem et occidentem spectantibus. In Italia nullum praeter Alpes habet, Hungaria multum. De frequentia in America boreali Hispania nova (Venezuela) et Brasilia auctores multum praedicant [1].
VI. *Thonschiefer.* Clay state Phyllade. Schiste argilleux. Roche argilleuse feuilleté.	Dorsa mont. subalta (praeter Americ. — 12000 ped.) subrotunda, ad quae per scalas quasi adscendis.	Nonnisi ad fines form. Grauwacke. Ammonitem primordialem et Orthoceratitis (spec.?)	In *Brasilia* frequentiss. Non rarus apud Mexicanos, in *Peru*, *Americ.* sept. In Anglia et Italia nullus; frequens in *Scotia*, Scandinavia, Russia boreali. In Germaniae mult. reg. (Herciniae Silesiae Saxoniae) In Hungaria conjunctus c. Glimmerschiefer [2].
VII. *Quarzfels.* (et Itabirit.) Quarzrock - Quarzite.	Plana montana eaque sterilissima montesque 6000 p. rotundos rupestres, vallibus praecipit. incisos.	Nulla.	In Scandinavia frequens. Rarus in Germania. Dominatur in Brasilia [3].
VIII. *Talkige Kalkf.* Formation de Calcaire stéatiteux.	Ad cacumina Alpium adscendit.	Plantas quasdam (Abdrücke in d. schwarzen Kohlenblenblende) et Ammonites nondum definatas spec.	In Alpib. Savoy. et German. (Tarantaise, Wallis-Montiers, Bex.) [4]

[1]) Naumann's Beiträge II. 398. [2]) Kefersteins Tabellen etc. Hal. 1825. 4. quibus tabulis plurimum de his omnibus debemus. [3]) Backewel, Travels in the Tarentaise. Lond. 1823. [4]) Brongniart, Journal des Mines. Nr. 137.

Ad Geognosiam comparatam.			Ad Geographiam nostram.
Formationum terrae:		Residua plant. et animal. contenta	Distributio in singulis terrae regionibus.
Ordo Genus Species et Synon.	Altitudo, forma externa et al.		
IX. *Grauwacke.* Graywacke Traumate Psammite. Minophyre quarzeux. Macigno. Pietra-serena.	Massa quidem abundat, altitudine (ultra 2000 ped) destituitur majori. Plana montana simplicia, rupibus non dentata effecit.	Residua plantarum multa (ähnlich denen der Steinkohlenformation) nec non animalium (Mollusc. 17 gen.)	Hercyniam sola fere constituit aliaque (d. ganze Rheinische Schiefergebirge, von Giessen bis Cambray den Frankenwald, umgiebt das Riesengebirge, bildet fast allein die Gesenke in Oestreich. Schlesien, entwickelt sich in Steiermark und Krain, während es d. ganze Centralkette der Alpen begleitet.) In Italiae septentrionali parte (Voltera, Florenz) frequens; in meridionali et Sicilia desideratur. Pyrenaicos montes occidentem spectantes sola fere constituit multis aliis locis. In Anglia occident. et Scotiae meridionali parte in plana vasta jugaque longissima per Scandinaviam, Russiam (prope Reval et Petropolin) extenditur. Rara in Hungaria omnique America (sing. loc. v. c. transmont. Serra do Epinhaço).
X. *Rothe Conglomerat.* Old red Sandstone. Formation.	In Britaniae montib. (ad 3000 ped. adsurg) massa abundante.	Eget petrifactis, exceptis quibusdam in finibus format: Bergkalk et Grauwacke.	Frequentiss. in Angliae parte meridiem et occidentem vergente (Süd-Wales, Ludlow etc.) et Scotia. In Hungaria (Tatra) et Transsylvania. Ad Rhenum etc. (Aachen).
XI. *Granit Syenit.* a) inferior. Granit - Syenit. (Syenite Syaïte Rochdamphibolite.) b) Superior. Syenit-Porphyr.	Dorsa Andium altissima multorumque montium (der Schiefergebirge) rarissime in locis planis ac depressis.	Nulla.	Frequentissimae in Andibus Americae mediae (Popayan Peru) nec non aequinoctiali (Mexico). Rarissimae in Britannia. In *Gallia*, Italia boreali, Norwegia, Suecia, Graeciae insulis, (Milo et Argentiera). In *Hungaria* frequentes (saxum metalliferum).

Ad Geognosiam comparatam.			Ad Geographiam nostram.
Formationum terrae:		Residua plant. et animal. contenta	Distributio in singulis terrae regionibus.
Ordo Genus Species et Synon.	Altitudo, forma externa et al.		
Diorite. Greenstone. Euphotide. Diallage rock.			In *Germania* (Harz, Thüringerwald, Fichtelgebürge, Frankenwald, Mähren (zwischen Znaim und Brünn), Böhmen, Alpen und im Rheinischen Urgebirge (Syenite von Heidelberg).
XII. *Bergkalk.* Carboniferous s. Mountain limestone.	Subaltus (in Britan. 1000 P. in German. 1500.)	Encrinites. Trilobites. Ammonites. Rarissime Echinites. Calymene Blumenbachi; etc.	In *Anglia* multi comitatus eximia copia abundant, non (?) in Scotia, sed Hibernia. In Germania ad utrumque Rheni littus, monte Hercynio; Bohemia, Moravia; in Gallia ad Rheni inf. montes vergente, in America septentrionali, praecipue in Canada invenitur.
XIII. *Grit.* Haupt-Steinkohlenform. Great Coal formation. Terrain houillier. *a*) infer. Schiefer und plattenförmiger Kalk. (Slate beds.) *b*) med. Grit oder flötzbarer Sandstein. Millestone grit. Gres houillier. Flötzleerer Sandstein. Rauher Sandstein. *c*) super. Obere Steinkohlenfelder. Coal Mesures. Houilles.	Plana efficit ad montium pedes et declivitatem. In Britannia vero altitud. ultra 3000 ped. subterque maris undas profundum petit, massamque enormem explet.	Immensa *plantarum* monocotyledon. copia. Frequentissimae sunt filices (verticillata) foliaque reniformia. *Animalium* residua perpauca eaque in partib. form. calcar: Ammonites Listeri, Wallcottii, Orthocerat. Steinhaueri, Lingula mytiloides. Mytilus crassus. Unio acutus, uniformis subconstrictus.	In *Germania*, praecipue in Guestphalia (Marca comitatu,) ad utramque Rheni oram (Mülheim, Saarbrükken) in monte Hercynio, Saxonia, Thuring. Silva, Fichtelgebirge, Bohemia, Moravia, Silesia, Hungaria, in Alpibus, in Angliae multis comitatibus, (praecipue Northumberland, Durham, Yorkshire etc.), in Scotia (Dumfries, Ayr), Hibernia (Queens County), in Gallia (apud St. Etienne, in Alvernia, Languedoc, Normandia, Limousin), in Belgia (ad Leodium, Mons etc.) in America septentrionali ad torrent. Missisippi, Ohio; media eiusdem parte saepe in alta regione, Novae-Hollandiae ora australi.
XIV. *Porphyr et Augit-Porphyr.*	Porphyrius ruber in Alpib. altitud.	Penitus desiderantur. Nonnum-	*Africa.* Porphyrius ruber in Aegypto (v. c. apud Coseir) frequens.

Ad Geognosiam comparatam.			Ad Geographiam nostram.
Formationum terrae:			
Ordo Genus Species et Synon.	Altitudo, forma externa et al.	Residua plant. et animal. contenta	Distributio in singulis terrae regionibus.
Dritte massige Formation. **Porphyre** **Amygdaloïd.** **Wacke.** **Trapp.** **Toadstone.** **Amphibolithe.** **Tegelskoel.**	4000 ped., niger vero altid. 8000 ped. adscendit.	quam plantarum residua in Thonstein.	*Asia.* Ad Caucasum, multis locis. *America.* In media novae terrae parte frequentissimus intimeque cum „rothen Sandstein" conjunctus. *Europa.* In Gallia rariss. (Roche noir de Figeac et ? plures). In Italia vix habetur (Tyrol). In Anglia nullus, in Scotia et Hibernia abundanti copia. In Norwegia. Porph. nig. apud Christianiam? Germania non procul a Magdeburgo (im Alvenslebenschen Höhenzuge) in Hercynia s. etc. (im Saalkreise bei Wettin u. Löbejum in u. auf Steinkohlen) Saxon. Bohem. Silesia. Frequentissimus in Thuringia, montib. Rhenan. Rarus in Alpibus.
XV. ***Rothe Sandstein Formation.*** **Grès ancien.** **Grès rouge.** **Roth todt liegendes, Red dead Lyer.**	Ascendit apud Germanos ad alt. 8820 ped. imo apud Quitonens. 9600 ped.	Filices sparsim; Lignites plerumque, perpendiculari modo sitae. Insignes inter haec d. *Staarstein* apud Chemnitz. Saxonum, qui annulis annuis caret tubulisque solis constat. *Conchylia* quaedam nondum definita. Raris locis (Kunzendorf et Rupersdorf)	Ad Caucasum. „Das Kupfersandgebirge" ad pedes m. Ural hic pertinere videtur. In Americae media parte immensae vastitatis planieties versus ostia torrentis Orenoco, et Novam Hispaniam, Novam Granadam et plana montana apud Quitonenses et Peruanos occupat. Gallia contra et cum Italia Anglia (Exeter) ista form. fere destituuntur. Hiberniae vero dimidia pars et Scotiae multae regiones eadem constituuntur. In Alpibus frequens. Nulla in Hercyn. et ad Rhenum. In Thuringia (Wartburg, Inselberg, Ilmenau, Suhl, Ostersteinbach).

Ad Geognosiam comparatam.			Ad Geographiam nostram.
Formationum terrae:		Residua plant. et animal. contenta	Distribntio in singulis terrae regionibus.
Ordo Genus Species et Synon.	Altitudo, forma externa et al.		
		in Silesia.) ichtyolitha.	In Silesia (Glatz) et inde a Magdeburgo usque ad Emden.
XVI. *Zechstein* *a*) infer. Bituminöser Kupferschiefer und Eisenkalk. *b*) med. Eigentlicher Zechstein. *c*) super. Rauhwacke mit Stinkstein und Gyps. Terrain de schiste cuivreux Zechstein. Newer conglomerate or magnesian limestone.	Regiones format colliculosas, nec latius regnat (vix 300) nec altius (vix 800 p.) ascendit. In Anglia (new magnesian limestone.)	*Kupferschiefer*: Piscium vestigia, nunquam ossea Conchylia rara. *Zechstein*: Gryphites aculeat. immensa copia. *Rauhwacke.* Sparsim (v. c. prope Glücksbrun.)	Ad declivitatem Hercyniae meridionalem (Herzberg, Ilefeld, Mansfeld); frequens apud Saxones, Thuringenses (Ilmenau), Rhenanos (Stadtberg, Thalitter etc.). In Scotia nusquam. nisi apud Dumfries prope Twied. In Galliae provincia? et Pyrenaicis mont.? Frequentissime hanc format. vidit ill. Al. de Humboldt in plaga Americae aequinoctiali (Hisp. nova, Peru, Carracas). Notatu dignum in America boreali (Westfield prope Mitteldown in Connecticut) iisdem piscibus lapideis, quales et apud nos (in Mansfeld) reperiuntur, commisceri.
XVII. *Bunte Sandstein F.* Grès bigarré Varigated sandstone, New red sandstone. *a*) infer. Bunter Sandstein. *b*) media. Weifser Sanstein. *c*) *super.* Rother Mergel, (oder rotherSchieferletten.)	Effunditur haec formatio in plana montana majora, quibus dorsa montium subrotunda vallibus praeruptis incisa super sedunt. Summum ejusdem form. cacumen „d. Mosberg im Sollingerwalde" esse videtur (1300 pd.)	Plantarum residua dubia, animaliaque certe nulla.	In America vix habetur (Veracrux — Amajaque?). In Gallia frequentissime (die ganzen Vogesen u. ein Th. der Pyrenäen zw. Giron u. Rimont). Ad Iberum in Hispaniae regione inter Saragossam et Tudelam. In Saxonia et Silesia nulla, ad Rhenum et mont. Spessart, Schwarzwald, Odenwald frequentissima. In Alpibus rara. - Sparsim ap. Hall, Ischel, Sonthofen, Nusdorf b. Wien. Plana vasta Hannoverae, Thuringiae Hassiaeque potissimum obtegit electoralis. (Sollinger Steine.)
XVIII. *Muschelkalk Form.* Calcaire	Plana collesque protractas ple-	Rara plantarum simulacra. Mollusca	Alpes calcareae huc pertinere videntur (Boué). Late regnat in Germania (über

Ad Geognosiam comparatam.			Ad Geographiam nostram.
Formationum terrae:		Residua plant. et animal. contenta	Distributio in singulis terrae regionibus.
Ordo Genus Species et Synon.	Altitudo, forma externa et al.		
coquillier, Schell limestone.	rumque humiliores (nisi ad Watzmann montem Salisburgensem usque 9000?)	characteristica. Ammonites nodosus. Encrinites liliformis. Pectinites reticulatus aliique.	Meiningen und Würzburg nach Baiern, Würtemberg u. Baden ziehend etc. Auf d. Eichsfelde in mächtigen Massen. In Thüringen, Hessen u. Hannover viele Züge bildend). Nulla in omni Scandinavia, nulla in Scotia, Hibernia; parca in Anglia, pauca in Gallia (Epinal et Luneville - Saargemünd, Elsafs, Lothringen?)
XIX. *Keuper* (*bunte Mergel Form.*) Keuper, Red marl, Marles irisées. Grès siliceux. Lager, oder Keuper-Sandstein, cui subordinata apparent: *a*) Gyps, *b*) Steinkohle, *c*) Kalkflötze.	Hisce terrae partibus nullae efformantur rupes, montesque nulli. Plana vasta explet. Rarissime altius ascendit, (d. Kötersberg 1500 ped.)	Perpauca animalia. (Myacites am Segeberge bei Gotha.) Plantarum calamit. residua freq.	Effunditur supra Russiae campos vastissimos (Riga — Petersburg) ad fl. Msta, torrentem Wolgam et regione Nischnei-Nowgorod). Iberum in Hispania sequitur. Angliae latissime supersedit (von der Mündung des Tees in Durham bis nach der südlichen Küste von Devonshire [Red mare. Red rock]. In Gallia frequens (Metz, Mirecourt, Luxemburg, Basel). Germaniae Guestphalicas planities explet et Hercyniae fines boreales, planumque permagnum (zwischen dem Rheinischen Urgebirge und dem Schwäbischen Alp, gegen d. Fichtelgeb. und gegen d. Thüringerwald hin, den Steigerwald, Bamberg, Würzburg, Nürnberg und Stuttgart).
XX. *a*) *Lias* (*schwarze Mergel F.*) Calcaire bleu ou pierre bise, Calcaire à Gryphites arquées, Cal-	Terras undulosam fere faciem prae se ferentes format. Valles longitudinales insignes monticulorum	Plantarum residuis tantopere caret, quantum animalibus abundat (solius generis Ammonites spec. 33.)	Frequens in Alpib. Helvet. et Sabaud. Conspicuas regiones Germaniae obtegit (Helmstaedt, Hildesheim, Alefeld, Elze et Minden — ubi Porta guestphalica vallem transversam notabilem effigit — Bückeburg, Osnabrück, Teutoburger Wald etc.).

Ad Geognosiam comparatam.		Ad Geographiam nostram.	
Formationum terrae:			
Ordo Genus Species et Synon.	Altitudo, forma externa et al.	Residua plant. et animal. contenta	Distributio in singulis terrae regionibus.
caire oolitique, Calcaire à Polypiers, Argile bleu, Lias, Oolit series, Iron - sand. [*a*) Gryphitenkalk und schwarzer Mergel. *b*) Lias u. Eisensandstein mit Thon und Steinkohl. Thon.]	dorsa incidunt. Certant de vastitate et altitudine numeri 700 — 1000.		Nulla in Saxonia, Thuringia, Bohemia.
XX. *b*) *Lias (schwarze Mergel F.) in Anglia.* Lias, Bastard freestone, Fullers earth, Great oolite, Bradforth clay, Forest marble, Cornbrash, Oxford clay, Coral rag, Kimmeridge clay, Portland oolite, Iron sand Weald clay.		In omnibus hujus form. partibus et particulis crebra animalium inferioris notae residua.	*Russia.* (Moskau, Krimm, Permien). *Hispania.* Inter Madritum et Saragossam prope Anchuelam del Campo. *Angliam* (inde a S. W. et N. O.) veluti ligament. cingit. Nec Hiberniae deest (: in comitatu Antrim, Hebridis Sky et al.) Lutetiae Parisior. regionem (das Becken von Paris) ambit plurimasque alias regiones Galliae occupat. *America.* Brasilia [v. Spix parallelisirt mit dem an Eisen reichen Liassandsteine von Baiern und Würtemberg, das in Brasilien verbreitete, Tabanhoacanga genannte Eisenstein - Conglomerat, das aus rothem (Eisen) Thon besteht und viel Eisen, Gold u. Diamanten enthält [1])].
XXI. *Grünsand u.*	Regiones in quibus prae-	In Anglia (Grünsand,)	*Anglia.* Duos tractus majores alter inde a Dover —

[1]) Journal des Mines. 1823.

Ad Geognosiam comparatam.			Ad Geographiam nostram.
Formationum terrae:			
Ordo Genus Species et Synon.	Altitudo, forma externa et al.	Residua plant. et animal. contenta	Distributio in singulis terrae regionibus.
Quadersandstein Form. Greensand, Glauconie crayeuse, Craie chlorité, *a*) Grüner Sand, *b*) Grüner Mergel, *c*) Quadersandstein et Tripel.	valet „der Mergel" depressae, colliculosae ubi „Quadersandstein": speciosae, rupestres colliculosaeque formae. Altitudo vix 800, Latit. 2—500 ped.	Mollusca fossilia innumerabilia. Plantarum residua rarrissima, exceptis quibusdam foliis minor. in „Quadersandstein."	Arundel et Leves, alter inde a Bridport — Flamborough Head insulam transgrediuntur. Comitatur forte formationes *Daniae*, *Poloniae*, Italiaeque cretaceas, Galliaeque oram septentrionalem (Hâvre Honfleur u. d. Becken von Paris). *Germania.* In Hercynia (Halberstadt, Quedlinburg, Ballenstädt, Goslar,) Hannoveranis regionib. (Salzgitter, Alfeld, Teutoburger Wald), in Saxoniae Helvetia (Pirna u. Königsstein), in Silesia (Adersbach und Habelschwert) et in Alpibus [1]).
XXII. *Kreidemergel et Jurakalk F.* Chalk marle, Gray chalk, Tufeau, Craie marneuse, Craie grossière, Calcaire de Jura. *a*) Kreidemergel, *b*) Jurakalk, *α*) Gemeiner Jurakalk, *β*) dolomitischer Jurakalk, *γ*) Kalkschiefer als Decke.	Quos „Jurakalk" montes constituit, ardui plerumque sunt ac praerupti. Alt. 3000—5000 ped.	Plantarum residua nulla. Animalium plurima. (Der Kalkschiefer in Solenhofen wird durch viele Fische und Conchylien charakterisirt. Der Kreidemergel im nördl. Harze durch Belemnites mucronata, Ananchites ovata. Der nördl. deutsche Jurakalk durch Spantangus cor angui-	In Galliae et Helvetia Jurae partem superiorem eamque inde a Schaffhausen et Chambery format. Tota Italia cum Sicilia hac formatione, quae Apeninum tractum universum fere constituunt, dividitur. In Russia sparsim (Krimm). In Dania (Jurakalk bei Foxhoe, Kreidenmergel auf Jütland). In Anglia „the Chalkmarle" regiones humilores obtegit. In Germaniae parte meridionali frequens (Schwäbische Alp, deutscher Jura) nec in Dalmatia et Istria deest; in septentrionali multis campis (Lüneburg, Mecklenburg, Hannover a. d. Innerste u. Leine. Am Nordrande des Harzes, Ilseburg, Wolfenhüttel, Braunschweig als Kreidemergel; Quedlinburg, Halberstadt,

[1]) Boué et Buckland.

Ad Geognosiam comparatam.			Ad Geographiam nostram.
Formationum terrae:			
Ordo Genus Species et Synon.	Altitudo, forma externa et al.	Residua plant. et animal. contenta	Distributio in singulis terrae regionibus
		neum, Catillus, Cuvieri etc. d. Chalkmarle in England durch Ammonites mantelli, minutus etc.	Goslar als Jurakalk auf Quadersandstein liegend).
XXIII. *Creta. Kreide F.* Chalk-Form, Craie. *a*) infer. Kreide ohne Feuerstein. *b*) med. Kreide mit wenigem Feuerstein. *c*) super. Kreide mit vielem Feuerstein.	Plana humiliora subundulosa.	Nullae plantae. Molluscorum quidem plurima, sed ab aliis quae hodie vivunt diversa.	In Russia (Kasankaya, Ural, Krimm). In Polonia et Lithuania et Russiae provinciis (Grodno, Krevenice, Lemberg, Cracau, Galizien et Podolien) frequens. In Germania (Insel Rügen, Wollin, Prenzlau in der Uckermark, Lüneburg und Quedlinburg. Im übrigen Deutschland bis auf einzelne Puncte in Böhmen und Mähren fehlend). In Italia nulla esse videtur. In Dania sparsim (Moen, Stövensklint). In Suecia tantum apud Fulsterbö. In Galliae campis latissimis (Champagne, Valenciennes, Rouen, Normandie und Bayonne, längs den Pyrenäen. Um das Becken von Paris etc.) *Angliae* oram orientem spectantem insulamque Wight multasque alias regiones *sola fere constituit.*
XXIV. *Braunkohlen u. plastische Thon Form.* Plastic clay, Formation d'argile plastique et de lignite.	Plerumque regionibus planis ac depressis adnumeranda; nonnumquam altioribus (Westerwald.)	Notatu dignissimum videtur, frequentissima illa plantarum residua, quae apud nos fossilia reperiuntur, iis respon	Islandia (Saturbrand) Groenlandia et Faröes eadem formatione abundant. Hibernia, nec Scotia, nec Portugalia ea destituuntur. Late regnat in Anglia (Bekken v. London. Reading. Sussex. Hamtshire. Wight) et in Italia (Verona, Vicent.) In Gallia latius adhuc domi-

Ad Geognosiam comparatam.			Ad Geographiam nostram.
Formationum terrae:			
Ordo Genus Species et Synon.	Altitudo, forma externa et al.	Residua plant. et animal. contenta	Distributio in singulis terrae regionibus.
Premier terrain d'eau douce.		dere, quae hodie in America boreali sponte nascuntur. Animalium residua pauca. Ossa avium (an d. Geba bei Meiningen) et Crocodili (Antedil. ap. Paris.) Molluscorum plura.	natur (Becken von Paris, Soissons, Namur, St. Quentin, Beauriex, Laon, Saons, Aix, Marseille, Toulon etc.) In Germaniae multis locis: Zielenzig und Freyenwalde (Alaunerde) Magdeburgische Saalkreis, Mansfeld, Thüring., Wetterau, Salzhausen — foliorum effigies insignes — Meissner, Hohen Westerwald. In valle Rhenana inter Bonnam et Colon. (Cöllnische Erde). Frequentiss. in Bohemia (Töplitz, Podhorsan. Ellenbog.) nulla in Bavaria et Würtembergia. *America* septentr. in Maryland, ad. ped. mont. Majolky et Ins. Martha's Vinegard.
XXV. *Grobkalk F.* Calcaire grossier, Calcaire à Nummulites, Formation marine inferieure au Gyps à ossemens, Antepalaeotherische Mergelformation, London clay.	Etsi in Alpium quibusdam locis habetur, plerumque tamen regiones planas colliculis pictas (e. gr. d. Becken v. Parisu. London latit. 200 — 500 ped.) efformat.	Plantae rarissimae Conchyliorum immensa copia eaque diversa in strato inferiori medio, superiori. In London clay residua, Crocodilorum, Testudinum, piscium et molluscorum.	*Angliae* comitatus: Essex, Middlessex, Berkshire, Sussex et Kent partimque insula Wight hac formatione formantur. In *Italia* septentrionali — Terrains calcareo trappeens in — Val nera, Val ronca, terra prope Vicenza et montem Bolca. Dalmatiae reg. ap. Lesina, Arbe (Phacitenkalk). In *Hispania* ap. Montjong pr. a Barzelona. Frequentissime vero in Gallia. (Bassin v. Paris, nördlich der Seine von Epte bis Marne.) In *Hungaria* talis qualis in Gallia. *Germaniae* pars meridionalis ad Moenum, Rhenum, ac Danubium (Regensburg bei Kellheim) et septentrionalis Mecklenburg (ap. Sternberg, Domitz aliasque) Hannov., Hass., (Dieckholzen, Evessen, Lemgo,

Ad Geognosiam comparatam.			Ad Geographiam nostram.
Formationum terrae:		Residua plant. et animal. contenta	Distributio in singulis terrae regionibus.
Ordo Genus Species et Synon.	Altitudo, forma externa et al.		
			Minden, Pyrmont, Göttingen, Weissenstein pr. Cassel.) In *Daniae* insul.: Schonen et Bornholm. Ill. de Humboldt hanc formationem etiam quibusdam locis Americae aequinoctialis (Castillo de San Antonio de Cumana) vidit.
XXVI. *Pariser Gyps oder mittlere Süſswasser Form.* Terrains d'eau douce gypseuses. Lower frishwater formation. *a*) infer. Kieselkalk oder Kalk von Champigny. Calcaire siliceux. *b*) med. Knochen od. Steinsalzführender Gyps „à ossemens." *c*) super. Süſswassermergel. Marnes d'eau douce.	Calcaria carbonica in plana effusa. c. sulphurica (Gyps) in colliculos singulares elata.	Mammalia majora Conchyliaque aquae dulcis et marinae. Lignum bituminosum, plant. dicotyled.	Gyps à ossemens *Galliae* colles Parisinos (Montmartre) aliosque multos exstruit, Calcaire siliceux planam vastum (Amboise et Dravier) etc. In *Hungaria* (d. Steinsalzgebirge bei Sovar Eperies, Sziget, Sugatow, Rhonasek). In Transsylvania massae salis gemmae vallium Szamos, Maros, Kukulo et al. Transgreditur eadem formatio trans Galliciam: Wielitzka, Cracoviam in Poloniam partimque ad Viadri lectum v. gr. ad Silesiae oppid. Dirschel, Teutsch, Neukirch, Czernitz, Pschow, et Popilau.
XXVII. *Molasse od. Postpalaeotherische Mergel F.* Terrains marins superieures. Formation marine supe-	Si descendis ex Helvetiae montibus, in quibus haec formatio conspicuam quamdam altitudinem adipiscitur,	Residua animalium marinorum. (In dem subapeninischen Mergel hat man ein ganzes *Wallfischskelet* gefun-	*Gallia* hac de parte insignis: Marnes gypseuses marins dans le bassin de Paris. Rupes conspicuae in suaviss. region. Morfontaine et Ermenonville. Arena in sylvis Marlyensibus (poudre d'or). *Germania* (das Mergel- und Thoneisensteingebirge von

Ad Geognosiam comparatam.			Ad Geographiam nostram.
Formationum terrae;		Residua plant. et animal. contenta	Distributio in singulis terrae regionibus.
Ordo Genus Species et Synon.	Altitudo, forma externa et al.		
rieure au gypse à ossemens; Molasse, Mergelsandstein der vordern Schweiz. Uppermarine formations-Crag of Suffolk, Bagshot Sand, Marna bigia, Sabbia calcaria.	eandem in (Galliae 1300) campis tantum, collibusve reperies.	den) Plantae fossiles. Rara animalia terrestria.	Ober-Schlesien), Polonia et Gallizia. Latissimam explet Helvetiae pelvim inter Alpes et Juram (Genf et St. Gallen), altius adscendit (Rigi), concomitatur ceteroquin alpes usque ad pelvim Vindobonae (Poesdorf, Wulfersdorf bei Wien) et habetur in Hungaria (Tokay, Schemnitz), Italia et Sicilia, quam haec formatio fere sola constituit, atque in Graecia boreali, Asiaque media, Angliae Crag of Suffolk, Essex, Promont. Walton et Bagshotsand (Surrey).
XXVIII. *Alluvial F.* Terrains d'alluvion. Alluvium. a) *Jüngste Süfswasserkalkbildung.* Troisième et dernière formation d'eau douce, Calcaire d'eau douce, Calcaire à Lymnées et Planorbes, Tuf calcaire Upper-frish-water-formation.		Mammouth Ohioticum, Elephas primigenius, Rhinoceros antiquitatis, Megatherium. Bos priscus, Equus adamiticus, Cervi, Antilopes, Aves, Testudines etc. Helices plantaeque singulae prope Vindobonam. In Gallia ossa quadrupedum majorum. (Palaeotherium, et alia. In Anglia tantum animalia aquae dulcis.	In Hispaniae regionibus Burgos et Frejenal — ad fines provinciae Estremadura. Anglia perpaucam habet, Gallia mult. locis: Trappe p. Marseille, Montpellier, Samiers, frequentissime in Dep. Lot et Garonne, Cantal, Puy de Dome. In Germaniae septentrionali parte frequens. Latius in Thuringia (Langsalze, Weimar), Hannov. (Göttingen), Wurtembergia (Canstadt), ad pedes Alpium et circa Vindobonam regnat. *Asia.* (Zu den jetzigen Kalkbildungen gehören hier besonders die sogenannten versteinernden Teiche von Tabriz in Persien und ähnliche bei Paxia westlich von Potosi in Peru. Bei der blofsen Verdünstung d. Wassers setzen sich ganze und zwar starke Kalkschieferbänke ab.) Frequentius in Italia (Travertino, Katakomben in Rom). Latissime regnat

Ad Geognosiam comparatam,			Ad Geographiam nostram.
Formationum terrae:		Residua plant. et animal. contenta	Distributio in singulis terrae regionibus.
Ordo. Genus Species et Synon.	Altitudo, forma externa et al.		
			prope Romam, Tivoli, Cisterne, Civita vecchia, Radicafone, Volterra, Siena et al. In paludosis vastissimis Hungariae campis ad lacum Balaton; in plano intra Petend et Nagy Vesony; prope Kaboltz et Tihony.
b) *Jüngste Meerkalkbildung.* Madreporenkalk, Riffstein, Kalkstein von Guadeloupe, Calcaire mediteranéen. Calcaire des huitres.	Immensa montium dorsa tam sub oceani (Pacifici, Indici, Mediteranei, Atlantici) undis recondita, quam innumerabiles insulas corallinarum forma emergentes, sola haec calcaria constituit.	Ossa humana artiumque producta ibidem incrustantur et prae adamiticam faciem inmerito induunt.	Profundum oraeque maris mediterranei hacce calcaria (calcaire mediterranéen), quae corallina aliaque animalia marina incrustat, fere penitus constituuntur. Eadem in India occidentali hodie continuatur, unde fit ut insulae (St. Domingo, Guadeloupe et al.) crescant. — Insignis Calcaire à Nuitres in oris Americae borealis longit. 600 mil. angl; lat., 100 mil; crassit, 300 — ostrea gigantea potissimum constituta. Oceani pacifici insulae rupesque plurimae corallinae huc pertinent, quas Lithophytes saxigenes, ignivomis stratis interpositis, constituunt.
c) *Jüngste Meersandsteinbild.*	Arena in maris profundo ejusque oris cemento conglutinata.	Amplectitur saxa, ossa ipsaque e montibus ejecta et annorum 10 —40 spatio duretfientes.	Insignis [Scilla et Charybdis] inter Siciliam et Italiam prope Messinam et ad Promontorium Peloro, quod intra 30 annorum spatium ultra 300 passus prolongatum est. Simile quid in oris gallicis provinciae Languedoc locum habere videtur ibique „Magiotan" appellatur. Idem in Graecia, in insulae Rhodi promontorio (Knidos vet.), Phasalis, ad oras Acarnaniae, Leucadiae ins. Asiaeque minoris accidere videtur.

Ad Geognosiam comparatam.			Ad Geographiam nostram.
Formationum terrae:		Residua plant. et animal. contenta	Distributio in singulis terrae regionibus.
Ordo Genus Species et Synon.	Altitudo, forma externa et al.		
d) Jüngste Quarzbild. Süfswasserquarz Meulières Kieseltuff,	In alto collium massae segregatae. Duplex habitus (älterer Kieseltuff) antediluviana, et (jüngerer Kieseltuff), quae hodie formari continuatur.	Partim sine residuis organicis, partim lymneo corneo et fabulo, Portamide Lamarckii aliisque repletur.	Omnes fere colles regionis Lutet. Parisiorum ejusmodi frustulis obteguntur. Habetur apud Ferté sous Jouarre, Montmorency, ap. Houlbeck prope ling maro la Pité Depart. de l'Indre et Loire.
e) Marsh et Sand. Limon Schlick Marschen.	Permultis orae continentium locis, imo medio mari, aquarum sedimenta coeunt ad continentes accessura insulasve periodicas efficiunt. Idem nonnunquam in media terra fit, v. gr. hoc modo in Russia meridionali. Natri sulphurici et Chloreti natrii in Hungaria calcis conglomerato oriuntur.	Islandiae Limus pisces obtegit, qui mox in lapideos mutantur.	Ad Ostia Nili sedimenta dudum fiunt, unde Delta originem duxit. In Hollandia, Frisia ad ostia Albis, Burامputr etc., simili modo et ante saecula et hodie continentia limo, aut nota, aut gelatinae forma, eaque, via non cognita, e maris undis ad continentia devexo crescunt. Islandiae per strata additur (schiefrig).
f) Turf oder jüngste Kohlenbild. 1) Baggerturf, Dargmoor. 2) Moos, — Grauer,	*ad* 1) Oritur e limo etc. sine vegetabili. *ad* 2) e limo cum residuis plantarum.	Qui ante diluvium ortus est, rudimenta animalium continet, quae hodie desiderantur.	*ad* 1 *et* 2. Permultis terrae locis, plerumque depressis, tam infra, quam supra aquarum superficiem positis, saepe vastissimis, haec formatio procedit. *ad* 3. Hoc modo apud Trescin prope a Torgauia.

Ad Geognosiam comparatam.			Ad Geographiam nostram.
Formationum terrae:		Residua plant. et animal. contenta	Distributio in singulis terrae regionibus.
Ordo Genus Species et Synon.	Altitudo, forma externa et al.		
Gelber, Gemeiner Turf. 3) Vitriolturf.	*ad* 3) cum ferro sulphurico, interdum phosphorico.	Post diluvianus residua exempl. viv. humana ipsa et arte facta.	Schwarzenbruch pr. Dürem, Helmstadium.
g) *Raseneisenstein od. jüngere Eisenbildung.* Limonit; Minerais de fer d'Alluvion; Fer hydrate limoneux.	Via nobis ignota oxyda ferri (plerumque phosphoricum) gelatineae consistentiae oriuntur partimque infra, partim supra aquarum undas, sine vegetabili additamento, in massam peculiarem (Baggererz), vel cum plantis extinctis in substantiam molliorem et duriorem (Wiesen-Sumpf-Morasterz) transeunt.	Residua organica perpauca.	*Borussiae* vastae planities (in Pommern, Pr. Polen, die Lausitz) eaeque humiles ac depressae, rarius altae ferreis his partibus abundant. *Russia* borealis — prope Petrogardzk tantam ferri hac via formati copiam continet ut cum maximo fructu ferrum metallicum arte inde eliciatur. Nec Sueciae paludes (Sjomalmer et Mirmalia in Småland) eadem destituuntur.
XXIX. *Diluvial F.* Diluvium. Aufgeschwemmtes Gebirge. Terrain de transport.	Alluvii formatio de qua modo sermo fuit, ante et post diluvium constanti, rariusque pro tempore interrupto modo continuatur. Diluvium contra per im-	Ante diluvium animalia longe lateque diffusa fuisse videntur, quia plurimis strati istius mixti locis eorum residua reperiuntur.	Diluvium i. e. superficiale terrae stratum, quod pro sedimento universali et devexo, diluvii istius aquarum longe vastissimi ante hominum tempus, accipitur. Terrae maximam partem strato mixto (Geschiebe, Sand, Lehm) obduxit, cujus praecipue partes sub a) et b) considerantur.

Ad Geognosiam comparatam.			Ad Geographiam nostram.
Formationum terrae:		Residua plant. et animal. contenta	Distributio in singulis terrae regionibus.
Ordo Genus Species et Synon.	Altitudo, forma externa et al.		
	pulsus singulos (quorum unicus aquarum ista congeries quam nostrates „die Sündfluth" appellant fuisse videtur) originem duxisse apud geologes constat.		
a) Lehm-Bihlung. (Flottlehm) Maxima vero pars quae late in terris dominatur, diluvio adnumeratur.	Interdum istiusmodi aquarum congeries singulas regiones inundantes, simile quid formant.	Sparsim Conchylia plerumqua marina, raro aquae dulcis, utraque talia qualia hodie vivunt. Mammalia maiora plurima, avium hominumque (?) ossa	Habentur ad oras maris mediterranei memorabilia ista ossium conglomerata (Knochenbreccien) praecipue in Dalmatia, Graecia prope ab Athenis, Sardinia (Cagliari), Corsica (Bastia). Italia (Nizza), Gallia (Cette, Antibes). Quum nulla fere animalium marinorum residua extant in hac formatione, quae tamen aquis originem debet, geologi censent, diluvium per breve temporis spatium perdurasse. In hac Diluvii parte habentur cavernae in Siberia, Anglia (Kirdale), Guestphalia (Sundwig), Franconia (Muggendorff), quae residuis multorum generum mammalium repletae sunt: (Mammouth, Elephant, Rhinoceros, Löwen, Hyänen, Bären, Hirschen, Stieren, Pferden, Antilopen) et avium (Geyerknochen bei Egeln im Magdeburgschen) et reptilium (Schildkröten) et hominum?

Ad Geognosiam comparatam.			Ad Geographiam nostram.
Formationum terrae:		Residua plant. et animal. contenta	Distributio in singulis terrae regionibus.
Ordo Genus Species et Synon.	Altitudo, forma externa et al.		
b) Diluvial Grand, Sand und Geschiebe Ablagerungen.	Alluvium has formas plerumque obtegit.	Lignum fossile et Succinum longe lateque hanc formam indicant.	Magnam Europae partem obducit. In Germaniae v. c.[1] multis regionibus (der Mark Brandenb. u. Lüneburg. Heide[1]). Planum Europae boreale uno tractu e Hollandia per Germaniam septentrionalem mediamque Russiam protrahitur.

Adumbratio pristinae plantarum (zoophytorum,) et animalium distributionis geographicae.

Plantae antediluvianae e singulis terrae, quibus insunt earum residua petrificata, formationibus secundum familias naturales dispositae.

(cf. rem. liter. pg. 5. laud.)

I. Fungi. (Fougères.)

Taeniopteris. Bertrandi. In Pugnelle, Chiampo.
Filicites polybotria. Armissau.
Pecopteris Menat in Auvergne.
Reglei, Desnoyeri. Mammers.
Sphenopteris hymenophylloides, macrophylla.
Taeniopteris latifolia. Stonesfield.
Pachypteris lanceolata, ovata. Whitby.
Sphenopteris Willamsonis, crenulata, hymenophylloides, denticulata,
Pecopteris polypodioides, denticulata.
Philippi. Whitby.
whitbyensis, nebhensis, tenuis, Pingelii, Bechii. Bornholm.
Jaeniopteris vittata. Whitby.
Pecopteris agardhiana. Ad. Brongniart. Hoer.
Meriani. Neue Welt.
Clathropteris meniscoides. Hoer, St. Etienne, (Vosges).
Taeniopteris vittata. Hoer.
Lycopodites patens. —
Culmites Nilsonii.
Marantoidea arenacia. Jäger. Stuttgart.

1) In significandis rebus geognosticis nos adhibendae linguae vernaculae nimis fortasse indulsisse, benevolus lector, reputans, hanc disciplinam scilicet Ciceroni et Plinio ignotam, prorsus Germanicae esse originis, condonet precamur.

Martellia cylindrica. Jäger. Luneville, (Mongeot).
Necropteris Gaillardoti. Ad. Brong.
Anomopteris Maegeoti. Ad. Brong. Luneville.
Neuropteris Voltzii, elegans;
Sphoenopteris myriophyllum, palmetta.
Filicites scolopendroides. Soultz aux Bains, Wasselonne.
Sphoenopteris (spec. vigint. un.), furcata, stricta, artemisiaefolia, dissecta, trifoliata, Schlotheimii, Hoeninghausii, latifolia.
Cyclopteris orbicularis, obliqua.
Neuropteris (Sp. undecim), Loshii, tenuifolia, flexuosa gigantea.
Glossopteris Browniana in fodinis (mines) Indiae novaeque Hollandiae.
Pecopteris (46 Spec.), blechnoides, cyathea, polymorpha, aquilina, pteroides, conchitica, gigantea, nervosa, Defrancii, alata in fodinis (mines) Novae Holland. aspera, Miltoni, dentata.
Lonchopteris Bricii.
Odontopteris (5 species.)
Schizopteris anomala.
Sigillaria (41 spec.)
Sphoenopteris dissecta. Berghaupten.
Cyclopteris flabellata. — —
Plecopteris aspera. — —

II. Algae. (Algues.)

Fucoides obtusus, Lamourouxii, spathulatus, Bertrandi, gazolanus, flabellaris, Agardhianus, discophorus, turbinatus, Sternbergii, multifidus. Al. Brongniart. Bolca etc.
lyngbianus. — — Arnager.
Brardii, orbignianus, strictus, tuberculosus. Ad. Brong. Isle d'Aix.
Targionii. Al. Brong. Bognor in Sussex, Florent. Genève.
aequalis. — — Vernasque in Plaisantin.
difformis. — — Bidache, Bayonne.
intricatus. — — Ora Genuens.
sulcatus. — — Vernasque, Genua, Florent.
ramosus. — — Vernasque.
Stockii, encaeboides. Solenhofen.
furcatus. Ad. Brong. Stonesfield.
antiquus. Christiania.
Serra. Quebeck.
criminatus. Suecia (Kinnekulle).

III. Confervae. (Conferves.)

Confervites thoreaeformis, aliaeque species, ceramio analogae. Bolca.
fasciculata. Arnager.
aegagropiloides, in insula Bornholm.

IV. Charae. (Characées.)

Chara medicaginula. Ad. Brong. Montmorency, Sanois.
helicteres. — — Pleurs, dep. de l'Aisne.
Lemani Desc. Saint Ouen prope a Parisiis.
tuberculosa. Lyell White cliff-insulae Wight.

V. Musci. (Mousses.)

Lycopodites squamm. Al. Brong. Reperitur Lutetiis Parisiorum.
Muscites squammatus. — — Lonjumeau prope Parisios.
Tournalii. — — Armissau ap. Narbonne.

VI. Lycopodiaceae.

Lycopodites (decem spec.), piniformis, phlegmarioides. Ad. Brong.
Selaginites (species binae). Ad. Brong.
Lepidodendron (spec. trigint. quat) — —
Lepidophyllum (spec. quinque) — — folia sing. Lepidodendri.
Lepidostrobus (sp. quatuor). — — forte fructus Lepidod.
Cardiocarpon (sp. quinque). — —
Stigmaria (species octo). — —

VII. Cycadeae. (Cycadées.)

Cycadites Nilsonii. Ad. Brong. Scandinavia.
Bucklandia depressa. Insul. Portland.
Zamia pectinata, patens. Stonesfield.
Zamites Becchii, Bucklandii, lagotis, hastata. Ad. Br. Mammers.
Pterophyllum. Williamsonis.
Zamia longifolia, pennaeformis, elegans, Goldiali, acuta, laevis, Youngii. Whitby.
Feneonis. Seissel.
Zamites Bechii, Bucklandii. Lyme-R.
Pterophyllum longifolium. Neue Welt.
Jaegeri prope a Stuttgart.
Meriani. Neue Welt.
Dubium. Hoer.
Nilsonia brevis. Hoer.

VIII. Equisetaceae. (Equisetacées.)

Equisetum brachyodon. Ad. Brong. Parisiis.
brachyodon. — — Armissau.
columnare. — — Whitby, Brora.
Meriani. — — Neue Welt, apud Basileam (in Helvet.)
columnare. Corcelles. (Dep. Haute Saône.)

IX. Nayades.

Caulinites Parisiensis. Ad. Brong. Parisiis.
amphytoites. Desm. Parisiis.
Zosterites teniaeformis. Ad. Brong. Salcedo.
enervis. — — Parisiis.
Potamophylla multinerv. — — —
Osterites caulinaefolia. — — Ins. d'Aix prope a Larochelle.
lineata, bellovisana, elongata. Ins. d'Aix.

X. Nymphacées.

Nymphaea Arethusae. Ad. Brong. Lonjumeau.
Carpolithes ovolum. — — —

XI. Palmae. (Palmiers.)

Endogenites echinatus. Ad. Brong. Vailly ap. Soissons.
Flabellaria Parisiensis. — — Lutet-Paris.
Lamanonis. Aix in Provincia (Gall.)
Comptonia dryandraefolia. Armissau.
Betula dryadum —
Carpinus macroptera. —
Phoenicites pumila. Chartreuse apud le Puii.
Flabellaria raphifolia. Sternberg. Hoering in Tyrol.
Cocos Parkinsonis. Sheppey.
Faujasii. Liblar ap. Colon. (Rhen.)
Burtini. Woluve ap. Bruxell.
Flabellaria borassifolia. Dubium an palmae folium sit.

XII. Liliaceae. (Liliacées.)

Smilacites hastata. Armissau.
Convallarites erecta, nutans. Soultz aux Bains.

XIII. Coniferae. (coniféres.)

Pinus Cortesii. Ad. Brong. Plaisantin.
Defrancii. — — Parisiis.
pseudostrob. (folia) Armissau.
Taxites Tournalii. —
Pinus sphaerocarpa. Ad. Brong. Erxleben prope a Helmstädt.
ornata. Comes de Sternberg. Wallsch in Bohemia.
familiaris. — — — Triblitz in Bohemia.
Taxites acicularis. Meissner prope a Cassel.
tenuifolia. Ad. Brong. Commothau in Bohemia.
diversifolia. — — circa Cassel.
Langsdorfii. — — Nidda ap. Francofurt.
Juniperites brevifolia, acutifolia. Ad. Brong. Comothau.
aliena. Ad. Brong. Smetschua in Bohemia.
Thuya gracilis. — Comothau.
Langsdorfii. — Nidda.
graminea. — Perutz in Bohemia.
Thuytes divaricata. Sternberg. Stonesfield, Solenhofen.
expansa, acutifolia, cupressiformis. Sternberg. Stonesfield.
Taxites podocarpoides. Sternb. Stonesfield.
(fucus elegans). Ad. Brong. —
Voltzia brevifolia, elegans, rigida, acutifolia, heterophylla. Soultz aux Bains.
Cupressites Hullmanni. Bronn. Frankenberg in Hassia.

XIV. Juglandeae. (Juglandées.)

Juglans nuxtaurinensis. Ad. Brong. Aug. Taurinor.
ventricosa, laevigata. Nidda.

XV. Amentaceae. (Amentacèes.)

Comptonia adutiloba. Comothau.
Salix. Nidda.
Populus. Nidda.
Castanea. Menat.
Ulmus. Nidda.

XVI. Acerinae. (Acerinées.)

Acer Langsdorfii.

XVII. Monocotyl. et Dicotyledonum familiae dubiae.

Endogenites bacillaris. Koepfnach. Liblar.
Phyllites cinnamomeifolia. Habichtswald apud Cassellas.
Carpolithes et Monocotyl. de Dicotyl. Sheppey Nidda.
Amentaceae quaedam indefinitae. Nidda. Menat.
Dubia Carpolithes thalictroides. Lonjumeau. Ins. Wight.
Culmites anomalus. Al. Brongniart. Lonjumeau.
Exogenites — — — Plaisant.
Endogenites. Montmartre. Sp. 2—4. Aix in Provincia.
Poacites.
Phyllites laevigata, linearis, neroides, mucronata, remiformis, retusa, spathulata, lancea. Lutetiae Parisior.

Fauna antediluviana

secundum animalium affinitatem naturalem et singularum terrae formationum, in quibus residua ista reperiuntur, ordinem disposita.

(De re literaria selecta cf. pag. 6.)

I. Zoophyta petrificata.

Flustra bifurcata. Desm. Parisiis.
Orbulites complanata. Lamarck. Parisiis et Bordeaux.
Dactylopora cylindracea. — —
Polytripes elongata. Defrance. —
Eschara grignonensis. — —
Opulites margaritula. Lamarck. —
Lunulites urceolata. — —
Alveolites madreporacea. — Dax.
Favosites — — Anjou. Les Gléons.
Caryophyllia altavillensis. Defrance. Hauteville, Anjou, Apenin.
Turbinolia elliptica. Alex. Brong. Paris, Montmartre.
crispa, sulcata.. Lamarck. Paris.
appendiculata. Al. Br. Plaisantin, Vincent, H. Alpes.
Astrea emarciata? Lamarck. Paris.
funesta. Alex. Brong. Vincent.
Irea (alcyon.) parasitica. Lamouroux. Plaisantin.
Anachites ovata. Lamarck. Par., Normand., Angl., Moen.
pustulosa. — Par., Rouen, Moen.
Nucleolithes rotula. Alex. Br. Rouen.
Galerites albogalerus, vulgaris. Lamarck. Normandie.
subrotundus. Gidéon Mantell. Sussex.
conoideus. — — Périgord.
Spatangus cor anguineum. Gid. Mant. Paris., Normand., Bourg.
bufo. Alex. Brongniart. — — Mastricht.
rostratus. Gid. Mant. Sussex, Yorkshire, Joigny.
Cidarites vulgaris. Lamarck. Polonia.
saxatilis. Parkinson. Sussex.
Koenigii, corollaris, papillata. Park. Sussex, Moen.

Asterias? Paris, Rouen.
Pentanogaster semilunata. Link. Côtes de Douvres.
Pentaceros lentiginosus. — — —
Apiocrinites ellipticus. Gid. Mant. Sussex, Moen.
Pentacrinites Miller. Côtes de Douvres.
Marsupites ornatus. Gid. Mant. Sussex.
Milleri. — — —
Caryophyllia cyathus. Lamarck. Rouen, Sussex.
costellata. Gid. Mant. Sussex.
Turbinolia? Koenigii. Gid. Mant. Sussex.
Alcyonium pyriform. — — —
Spongia (iera Lx.) ramosa. — — Sussex, Worminster, Noirmoutier, Moen.
Choanites subrotundus, flexuosus, Koenigii. Gid. Mant. Sussex.
Ventriculites radiatus. Gid. Mant. Sussex, Moen.
alcyonoides. — — —
Nautilus simplex. Sowerby. Rouen, Blackdown.
undulatus. — Blackdown.
Scaphites obliquus. — Rouen, Brighton, Mont. de Fis.
Ammonites varians. — Rouen, Le Hâvre. Fis. Sussex.
rostratus. Murch. Angl., Sussex.
canteriatus. Defrance. Perte du Rhône, Suss.
inflatus. Sowerby. Rouen, Hâvre, P. d. Rhône, Fis.
Deluci. Al. Brong. P. d. Rhône, Fis.
rhotomagensis. Defrance. Rouen.
cristatus. Deluc. Folkstone.
Gentoni. Defrance. Rouen.
clavatus. Del. Fis.
Beudanti. Alex. Brong. Perte du Rhône, Fis.
selluguinus. — — Fis.
Woolgari, catinus, rusticus, Lewesiensis. G. Mantell. Sussex.
monilis, nutfieldiensis. Sowerby. Blackdown.
Hamites canteriatus. Al. Brong. Perte du Rhône.
rotundus. Sowerby. Rouen, Perte du Rhône.
funatus. Al. Brong. P. d. Rh., Fis.
virgulatus. — — Fis.
spinulosus. Sowerby. Blackdown.
baculoides. G. Mantell. Sussex.
Turrilites costatus. Denys de Montfort. Rouen, Le Hâvre, Blackdown.
Bergeri. Al. Brong. Perte du Rhône, Fis.
Trochus gurgites, Rhodani. Al. Brong. Perte du Rhône, Fis.
Cirrus depressus, perspectivus. Sowerby. Sussex.
Cassis acellana. Alex. Br. Rouen, P. d. Rh., Fis, Sussex.
(Auricula incrassata Gid. Mant.?)
Cerithium excavatum. Al. Br. Perte du Rhône.
Rostellaria Parkinsoni. G. Mantell. Sussex.
Podopsis truncata. Lamarck. Le Hâvre, Thuringia.
striata. — Brighton.
Lutraria gurgilis. Al. Brong. Perte du Rhône, Koping (Suecia).
Mytilus edentatus. Sowerby. Anglia.
Inoceramus concentricus. Parkinson. P. du Rh., Rouen, Fis Folkstone.
sulcatus. Parkinson. Folkstone, P. d. Rhône, Fis.
mytiloides. Sowerby. Sussex.
Websteri. Gid. Mantell. Sussex.

Ostrea carinata. Lamarck. Anglia.
pectinata. — Le Hâvre.
Gryphea columba. — Le Blanc. Longleat.
aquila. Al. Brongniart. La Rochelle, Perte du Rhône.
Pecten quinquecostatus. Sowerby. P. de Rh., Le Hâvre, Sussex.
intextus. Al. Brong. Le Hâvre.
asper. Lamarck. Sussex.
orbicularis. Murch. Anglia.
Plagiostoma spinosum. Sowerby. Rouen, Brighton.
pectinoides. — Perte du Rhône.
Belemnites
Nautilus angulosus. d'Orb. Ins. d'Aix.
Ammonites giganteus, Duncani, calloviensis. Sowerby. Ins. d'Aix.
armatus. Smith. Ins. d'Aix.
excavatus, triplicatus. Sowerby. Ins. d'Aix.
perarmatus. Sowerby. Rochers de Dives.
longispinus. — Dives.
Melania headingtonensis. Sowerby. Kimeridge, Headington.
striata. Sowerby. Weymouth.
Turitella muricata. Sowerby. Weymouth.
Turbo muricatus. — — Yorkshire.
Trochus bicornatus. — — —
reticulatus. — Weymouth.
Pterocerus oceani. Al. Brong. Hâvre, Jura, Perte du Rhône.
ponti. — — —
pelagi. — — —
Pecten lamellosus, fibrosus. Sowerby. Oxford.
Ostraea graegarea. — —
cristagalli. Smith. Oxford.
Marshii. Sowerby. Weymouth.
deltoidea. — Oxford, Kimeridge, Hâvre.
palmetta. — — Le Hâvre.
Lima rudis, proboscidea. Sowerby. Loix (île de Rhé) Weymouth.
Pholadomia protei. Ad. Brong. Hâvre, Jura.
Pinna granulata. Sowerby. Dives, Weymouth.
Avicula inaequivalvis. Sowerby. Dives, Weymouth.
Perna aviculoides. — Weymouth.
Mytilus pectinatus. — —
Donacites Alduini. Al. Brong. Hâvre, Jura.
Plagiostoma obscurum. Sowerby. —
Lutraria ovalis. — —
Gryphaea dilatata. — Weymouth.
cymbinus. Lamarck. Mortagne, Kellawey (Wilshire).
incurva. Sowerby. — — —
virgula. Defrance. Hâvre et al. loc.
Frigonia clavellata, costata. Sowerby. Weymouth.
Terebratula ornithocephala. — —
Clypeus cunicularis. Sedgw. Weymouth.
Cidaris papillosa, intermedia, diadema. Parkinson. Weymouth.
Caryophyllia carduus? cespitosa. — —
Astrea favosa? Smith. Weymouth.
Cyclolithes. Elsaſs.
Apiocrinites rotundus. Farque, Elsaſs.
Pentacrinites tuberculatus. Elsaſs.
Cidaris.
Echinus.

3*

Galerites.
Encrinites gothlandicus. Wahlenberg. Gothland.
Echinospherites pomum. — Kinnekulla, Tzarko-Sselo.
aurantium. — Billingen in Westrogothaie
Wahlenbergii. Esmark. Sinus maris prope a Christiania.
Alecto (Aulopora Goldf.) serpens. Lamarck. Bensberg, Gothland, Christiania.
elegans. Goldfufs. Bensberg.
Retepora Moesseberg.
(Millepora retepora Wahl.)
Favosites gothlandica. Lamarck. Sloebene-Acker, Christiania, Angers, S. Dooglas (Dublin), Eifel, Batavia, New-York, Catskill.
Bromelli. Ménard de la Groye. Moesseberg.
truncata, Kentukensis. Rafinisque-Schmaltz. Regio Garrardin, Kentucky.
boletus. Ménard de la Groye. Christiania.
Columnaria sulcata. Goldfufs. Bensberg, Cataracta torrent. Ohio.
(Lithostoma incurvata Rafinisque-Schmaltz.)
Tubipora tabularia. Lamarck. Theux près Liège.
Amplexus coralloides. Sowerby. Sable dans la Sarthe, Montchaton (Mons, Katskill, New-York).
Caryophyllia Reg. Garrard., Kentucky.
(Madreporites sinactis. Raf. Schmaltz.)
Caryophylla calycularis. Sowerby. Gothland.
(Madrepora Wahlenberg.)
flexuosa. Sowerby. Gothland.
turbinata. — — Eifel, Garrad., Kentucky.
stellaris. — —
articulata. — —
Astrea. Bensberg.
(Cyathophyllum hexagonum Goldfufs.)
quadrigeminum, rotularis? Goldfufs. Eifel, Bensberg.
porosa. Goldfufs. Irland.
(Madrepora interstriatus.) Wahlenberg. Gothland, Eifel.
Mastrema pentagona. Raf. Schmaltz. Garrardin, Kentucky.
Madrepora ananas. Wahlenberg. Gothland.
Stromatopora concentrica. Goldfufs. Eifel.
Catenipora escaroides, tubulosa. Lamarck. Christiania, Gothland (Moscow, Ralofka.)
catenularia. Wahlenberg. Gothland.
Calamipora polymorpha. Goldfufs. Eifel, Bensberg, Harz.
spongites. — Eifel, Bensberg.
cervicorna. — Gothland.
(Millepora Wahlenberg.)

II. Corpora marina.

Cerithium funatum, melanoides. Sowerby.
Ampullaria depressa. Lamarck.
Ostrea bellovacea, incerta. —

Epernai, Auvert., Bugneux ap. Parisios, St. Marguerite, Soissonnois, Beauvoisis, Headenhill etc.

III. Mollusca.

Helix diversae spec.
Cyclostoma, Sexaginta hexapod, infra Rhodani undas.

Cardium edule. Abbeville.
Cyclostoma truncatum. Brard. Paris, Carnetin.
elegans antiquum. Alex. Brong. Paris.
Potamides Lamarckii. — — — Aurillac, Nonette.
Planorbis rotundatus. Brard. Paris, Salinelle, Quercy.
cornu. Alex. Brong. — Insula Wight.
evomphalus. Sowerby. Insula Wight.
Prevostinus. Al. Brong. — — Paris.
promineus. Marc. de Serres. Salinelle, Dep. du Gard.
Lymneus corneus. Al. Brong. Paris, Colleen, Siennois.
fabulum. — —
fussioformis. Sowerby. insula Wight.
ventricosus, inflatus. Al. Brong. Paris.
cylindricus. Brard. Paris.
Bulimus pygmaeus. — —
terebra. Al. Brong. —
Paludina Hammeri. Al. Br. Wight insula.
carinata. Brard. Paris.
Pupa Defrancii. Al. Brong. Paris, Auvergne.
muscorum. de Férussac. — —
Helix Lamani, Desmarestina. Al. Brong. Paris.
Ancylus dependitus. Marc. de Serr. Salinelle.
Indusia tabulata. Bosc. Moulins, Auvergne.
Helix in genere. — Gibraltar, Corsica, Cette, Villefranche, Lauragnais.
algira, lapicida, vermiculata. Bosc. Nizza.
neritoidea. Bosc. Pisa.
Cyclostoma elegans. Lamarck. Pisa.
Pupa. Cette Villefranche, Lauragnais.
Bulimus. Villefranche - Lauragnais.
Neritina. — —
Belopteris. Deshayes. Paris.
Nautilus imperialis. Sowerby. Paris.
aturi. de Basterot. Bord., Paris.
Nodosaria. Lamarck. Plaisant.
Miliolites ringens, saxorum, trigonula. Lamarck. Paris.
Nummulites laevigata. Lamarck. Paris., Bord., Traunstein.
globularia. — —
scabra. — —
complanata. — Paris, Traunstein.
nummiformis. Defrance. Vicent? Bord., Lybia, Vicent.
Lycophris lenticularis. Den. de Montf. Bordeaux.
Vaginella depressa. de Basterot. Paris.
Bulla lignaria. Lin. Brocchi. Plais, Lond., Bord.
ovulata. de Lam. Brocchi. — Paris.
clathrata. Deshayes. Dax.
cylindrica. de Lamarck. Paris, Bord., Turin.
convoluta. Brocchi. Plais.
striatella. de Lamarck. Paris., Bordeaux.
Auricula ringens. — — —
Tornatella sulcata. de Basterot. Par., Bord.
Pyramidella mitrula. de Férussac. Bordeaux.
terebellata. — Paris, Bordeaux.
Turbo squammulosus, radiosus, denticulatus. de Lamarck. Par.
Parkinsonii. de Basterot. Bordeaux.
rugosus, Brocchi. Plais,

Delphinula calcar et Lima. de Lamarck. Paris.
scobina. Al. Brong. Vicent., Bordeaux.
conica, striata, sulcata. de Lamarck. Paris, Valogn.
solaris. Brocchi. Plais.
Gervillii, Warnii. Defrance. Paris, Valogn.
Rissoa cimex, cochlearella (melania). de Basterot. Bord., Paris.
Turitella imbricotaria. de Lamarck. Helvetia.
terebellata. — Paris.
terebra. Brocchi. Helvetia.
sulcata. de Lamarck. Paris.
triplicata. Brocchi. Helvetia.
vermicularis. — Plais.
multisulcata. de Lamarck. Paris.
cathedralis. Al. Brong. Bordeaux.
terebralis. de Basterot. — Paris, Traunstein.
subangulata. Brocchi. Plais., Helvetia.
elongata. Sowerby. London.
Archimedis. Al. Brong. Bass., Bord.
turris. de Basterot. Bordeaux.
Scalaria crispa. de Lamarck. Paris.
pseudoscalaris. Brocchi. Plais.
decussata. de Lamarck. Paris.
cancellata. Brocchi. Plais.
Monodonta Araonis. de Basterot. Paris, Anjou, Bordeaux.
bidentula. Defrance. Paris, Valogn.
Trochus crenularis. de Lamarck. Paris.
Boscianus. Al. Brong. Vicent, Bordeaux.
magus, patulus. Brocchi. Plais.
sulcatus. de Lamarck. Paris, Bordeaux, Plais., Vienne.
carinatus. Borson. Turin.
Amedei. Al. Brong. Vicent, Bordeaux.
ornatus. de Lamarck. Paris.
striatus. Defrance. Bordeaux.
monilifer. de Lamarck. Paris.
Trochus altavillensis. Defrance. Paris, Valogn.
conchyliophorus. Linné. Plais.
agglutinans. de Lamarck. Paris, Traunstein.
Benettiae. Sowerby. Plais. Turin, Bordeaux.
cumulans. Al. Brong. Turin.
Solarium plicatum. de Lamarck. Paris.
pseudoperspectivus. Brocchi. —
patulum. de Lamarck. Paris, Bordeaux.
elegans. Defrance. — Valogn.
sulcatum. Defrance. Paris.
bifrons. — —
Ampullaria acuta. de Lamarck. Paris.
depressa. — — Valogn. Vicent.
spirata. — —
hybrida. — Valog.
canaliculata. — Paris.
compressa. de Basterot. Bordeaux.
patula, sigaretinus. de Lamarck. Paris.
crassalina. — — Mainz, Bordeaux.
Vulcani. — Vicent.
perusta. Al. Brong. Vicent.
pigmea. Defrance. Paris.

Melania costellata. de Lamarck. Par., H. Alp. Bord., Vicent.
elongata. Al. Brong. Vicent.
?marginata, lactea. de Lamarck. Paris.
stygii. Al. Brong. Vicent.
Phasianella turbinoidea. de Lamarck. Paris, Bordeaux.
?Prevostina. de Basterot. Bordeaux.
Nerita conoidea. de Lamarck. Paris, Vicent.
tricarinata. — Paris, Anjou.
mammaria. — —
Nautica cepacea. — —
glaucina. — Bord., Plais., Helvet.
epiglottina. — Paris, Vicent, Turin.
cancrena. Brocchi. Plais., Bord., Traunstein.
labellata. de Lamarck. Paris.
spirata. Deshayes. Paris.
hybrida. — Traunstein.
Conus pelagicus. Brocchi. Plais.
deperditus. — Paris, Plais., Vicent, Tur., Bordeaux.
ponderosus. — Plais.
antediluvianus. — —
olivarius. Al. Brong. Turin.
alsiosus. — Vicent.
stromboides. de Lamarck. Paris.
Cyprea inflata. — Valog.
lyncoides. Al. Brong. Tur., Bordeaux.
sulcosa. de Lamarck. Paris.
Physis. Brocchi. Plais.
annulus. — Dax., Plais.
Pediculus. de Lamarck. Paris.
annularia. Al. Brong. Turin, Bordeaux.
Ovula passerinalis. de Lamarck. Plais.
Terebellum convolutum. — Paris, London.
obvolatum. Al. Brong. Vicent.
Anolax inflata. Borson. Tur., Bordeaux.
glandiformis. Defrance. Bordeaux.
Oliva mitreola. de Lamarck. Paris.
basterotina. Defrance. Bordeaux.
laumontiana. de Lamarck. Paris.
picholina. Al. Brong. Anj., Turin.
Ancillaria buccinoides. de Lamarck. Paris.
canalifera. — — Bord., Lond.
Volutha cithara. — —
rarispina. — Dax.
spinosa. — Paris.
affinis. Brocchi. Plais., London.
crenulata. de Lamarck. Paris, Vicent.
musicalis. — —
Lamberti. Sowerby. Anj., Bord., Lond.
muricina, labrella, bicorna, Harpula. de Lamarck. Paris.
Citharella. Al Brong. Paris, Turin.
Bulbula. de Lamarck. —
ficulnea. — — Traunstein.
Marginella eburnea. — — Valog.
ovulata. — — Traunstein.
Phaseolus. Al. Brong. Turin.
Volvaria acutiuscula. Sowerby. London.

Mitra crebricosta. de Lamarck. Paris.
scrobiculata. Brocchi. Plais.
monodonta. de Lamarck. Paris.
plicatella. — Plais.
Terebellum, mutica. de Lamarck. Paris.
mitraeformis. Brocchi. Plais, Helvet.
Cancellaria costulata. de Lamarck. Paris.
trochlearis. Faujas. Bordeaux, Dax.
varicosa, piscatoria. Brocchi. Plais.
buccinula. de Basterot. Bordeaux, Vindobona.
cassidea. Brocchi. Plais, Helvet.
Buccinum stromboides, decussatum. de Lamarck. Paris.
baccatum. Defrance. Bordeaux.
contrarium. Sowerby. London.
Veneris. Faujas. Bordeaux.
corrugatum. Brocchi. Plais., Helvet.
Eburna spirata. de Lamarck. Dax.
Dolium (Bucc. dolium). Brocchi. Plais.
Harpa mutica. de Lamarck. Paris.
Nassa reticulata. de Basterot. Bordeaux.
costellata. Brocchi. London.
columbelloides. de Basterot. Bordeaux.
serrata, puppa, conglobata, prismatica. Brocchi. Plais.
Caronis. Alex. Brongniart. Turin.
angulata. Brocchi. Plais.
Cassis harpaeformis. de Lamarck. Paris.
Saburon. Brug. Bordeaux, Plais.
Cassis carinata, cancellata. de Lamarck. Paris.
obliquata, intermedia. Brocchi. Plais.
Cassidaria echinophora. — — Nizza.
carinata. de Lamarck. Paris, Traunstein.
Terebra plicatula. — — Bord.
subulata. — de Basterot. Bord.
duplicata. Brocchi. Bord, Plais.
vulcani. Al. Brongniart. Vicent.
Cerithium giganteum, hexagonum. de Lamarck. Paris.
Castellini. Al. Brongniart. Vicent.
ferratum. de Lamarck. Paris.
lima. Brug, Brocchi. Helvet.
Maraschini. Al. Brongniart. Paris, Vicent.
interruptum de Lamarck. — —
margaritaceum. Brocchi. Plais, Mainz, Bord.
clavatulum. de Lamarck. Paris.
ampullosum. Al. Brongniart. Bord., Vienne, Plais.
angulosum. de Lamarck. Paris, Bord.
lacrimabundum. Defrance. Paris.
lamellosum. de Lamarck, Paris, Bord.
echinoides, thiara. — Paris.
Diaboli. Al. Brongniart. H.-Alpes, Dax.
mutabile. de Lamarck. Paris.
bicaliaratum. Al. Brongniart. Vicent.
funatum. Sowerby. Lond.
cinctum. de Lamarck. Par., Anj., Mainz, Bord.
varicosum. Brocchi. Plais.
tuberculosum. de Lamarck. Paris.
lemniscatum. Al. Brongniart. Vicent., Bord.

Cerithium combustum. Defrance. Vicent.
lapidosum. de Lamarck. Paris.
baccatum. Defrance. Vicent.
papaveraceum. de Basterot. Bord.
quadrisulcatum, plicatum, conoidale, rugosum, spiratum. de Lamarck. Paris.
striatum. Brug. Par.
Murex tripteris. de Lamarck. Paris.
decussatus. Linné, Brocchi. Plais.
rugosus. Parkinson, Sowerby. Helvet.
minax. Sowerby. Helvet.
tricarinatus. de Lamarck. Paris, Vicent.
bracteatus. Brocchi. Plais.
crispus. de Lamarck. Paris.
pomum. Linné, Brocchi. Plais., Anj., Bord.
frondosus. de Lamarck. Paris.
lingua bovis. de Basterot. Bord,
Typhis tubifer. de Lamarck. Par., Plais, Bord.
Ranella marginata. Brocchi. Plais., Pyr.-sept., Turin, Bord.
leucostoma. de Basterot. Bord., Plais.
Tritonium pileare. Linné, Brocchi. Plais.
doliare. Brocchi. Plais., Sienne, Pyr.-sept., Bord.
rana. — —
clathratum, colubrinum. de Lamarck. Paris.
Fusus rugosus. de Lamarck. Paris, Bord.
lavatus. Brard. Paris, Bord., Lond.
Noe, longaevus, subulatus, clavellatus. de Lamarck. Paris.
clavatus. Brocchi. Plais., Bord.
reticulatus (Pyrula). de Basterot. Bord.
implicatus. de Lamarck. Paris.
subcarinatus. — — Vicent.
polygonus, bulbiformis. de Lamarck. Paris.
Pleurotoma filosa. de Lamarck. Paris.
tuberculosa. de Basterot. Bord., Vindobona.
lineolata. de Lamarck. Paris.
turrella. — — Bord.
clavicularis. — — Vicent.
Borsoni. de Basterot. Bord.
dentata, undata. de Lamarck. Paris.
cataphracta. Brocchi. Plais., Bord.
dimidiata — —
glabrata. de Lamarck. Paris, Traunstein.
Fasciolaria burdigalensis. Defrănce. Bord.
uniplicata. de Lamarck. Bord., Paris.
Pyrula ficus. Linné, Brocchi. Plais.
ficoides (bulla). Brocchi. Helvet.
laevigata. de Lamarck. Paris, Traunstein.
clathrata. — — — Bord.
condita. Al. Brongniart. Anj., Tur., —
clava, rusticula, Linnaei. de Basterot. Bord.
Strombus Knorri. Al. Brongniart. Sienne.
Bonelli. — Tur., Bord.
fortis. — Vicent.
decussatus. Defrance. Paris.
canalis. Al. Brongniart. Paris.
bartoniensis. Sowerby. — Lond.

Pterocera radix. Al. Brongniart. Tur.
Hippocrenes macroptera. de Lamarck. Paris.
corvina (rostellaria). Al. Brongniart. Vicent.
Rostellaria pespelecani. Linné, Brocchi. Plais.
pescarboni. Al. Brongniart. Vicent.
fissurella. de Lamarck. Paris.
Sigaretus canaliculatus. Sowerby. Lond., Bord., Paris.
Haliotis. Marcel de Serres. Montp.
Crepidula (pectella). Brocchi. Plais.
unguiformis. de Basterot. — Bord.
Fissurella labiata. de Lamarck. Paris.
squamosa, costaria. Deshayes. Paris.
Emarginula costata. de Lamarck. Paris.
clathrata. Deshayes. Paris.
Calyptrea trochiformis. de Lamarck. Paris, Lond.
crepidularis. — —
muricata. Brocchi. Paris, Plais., Lond.
deformis. de Lamarck. Bord.
Patella elongata. — Paris.
sulcata. Borson. Paris.
Capulus hungaricus. Linné, Brocchi. Plais.
spirirostris. de Lamarck. Paris.
Hipponix cornu copiae. Defrance. Paris, Valogn.
Chiton grignonensis. — —
Ostrea bellovacina. de Lamarck. —
virginica. — Pyr.-sept., Helvet.
edulina. Sowerby. Helvet.
spatulata, pseudochama. de Lamarck. Paris.
undata. — Montp., Bord.
lingulata, canalis, callifera. — Paris.
ponderosa. de Schlotheim. Mainz.
deformis. de Lamarck. Paris.
flabellula, cymbula. de Lamarck. Paris, Bord.
foliosa. Brocchi. Bologna.
cyathula, longirostris. de Lamarck. Paris.
gigantea. Sowerby. Anglia, Italia sept., Traunst.
Pecten pleuronectes. Linné, Brocchi. Plais.
orbicularis. Sowerby. Gent.
plebejus. de Lamarck. Paris, Traunst.
latissimus. Brocchi. Helvet.
medius. Studer. —
infumatus, squamula. de Lamarck. Paris.
Bertrandi. de Basterot. Bord.
gigas. de Schotheim. —
Burdigalensis. de Basterot. Bord.
Lima spathulata. de Lamarck. Paris.
Anomia plicata. Brocchi. Plais.
Spondylus radula. de Lamarck. Paris.
Vulsella deperdita. — —
Perna maxillata. — Plaisancia et Virginia in Am. sept.
Avicula phalaenacea. — Paris, Bord.
Meleagrina margaritacea. Studer. Helvetia.
Pinna margaritacea. de Lamarck. Paris.
tetragona, nobilis. Brocchi. Plais.
Arca diluvii. de Lamarck. Paris.
biangula. — — Bord.

Arca Noe. de Lamarck, Brocchi. Plais.
antiquata. — Helvet.
scapulina. — Paris, Bord.
mytiloides. Brocchi. Plais.
clathrata. Defrance. Bord., Anj.
Cucullea crassatina. de Lamarck. Paris.
Pectunculus pulvinatus. — — Bord, Pyr. sept., Turin.
cor. — Traunst.
angusticostatus, granulatus. de Lamarck. Paris.
Romlus. Brocchi. Rom.
Nucula margaritacea. de Lamarck. Paris, Bord., Plais.
deltoidea. — —
Mytilus rimosus. — —
edulis. Brocchi. Vicent., Plais., Bord.
Brardii. Al. Brongniart. Mainz.
? corrugatus. — Vicent.
? Faujasii. — Mainz.
Modiola cordata. de Lamarck. Paris, Bord.
subcarinata. — Valogn.
elegans. Sowerby. Lond., Helvet.
Cardila ? avicularia. de Lamarck. Paris.
Venericardia planicosta. — — Gard.
intermedia. Brocchi. Plais., Rom., Bord.
imbricata, multicostata, acuticostata. de Lamarck. Paris.
senilis. Sowerby. Paris, Lond.
Jouanette. de Basterot. Bord.
corarium. de Lamarck. Paris, Lond.
Laurae. Al. Brongniart. Vicent.
Cypricardia coralliophaga. Brocchi. Plais.
? cyclopea. Al. Brongniart. Vicent.
Crassatella tumida, sulcata, lamellosa. de Lamarck. Paris.
proteus. Defrance. Paris.
Chama lamellosa. de Lamarck. Paris.
calcarata. — — Traunst.
gryphoides. de Basterot. Bord., Plais.
Donax retusa. de Lamarck. Paris.
anatinus. — Bord.
Cardium edule. — Plais., Lond., Bord.
edulinum. Sowerby. Helvet.
oblongum. Brocchi. — Plais.
semigranulatum. Sowerby. Helvet.
hians. Brocchi. Helvet.
clodiense. Reinecke, Brocchi. Helvet., Plais.
multicostatum. Brocchi. Helvet., Plais.
porulosum, asperulum, calcitrapoides, obliquum. de Lamarck. Paris.
serrigerum. de Lamarck. Paris, Bord.
Tellina patellaris, rostralis. de Lamarck. Paris.
elegans. Deshayes. Paris, Valogn., Bord.
tumida. Brocchi. Plais., Helvet.
Lucina lamellosa, concentrica. de Lamarck. Paris.
divaricata. de Lamarck. Paris, Bord., Lond.
saxorum. — —
scopulorum. Al. Brongniart. Vicent., Bord.
sulcata. Sowerby. Paris.
Corbis lamellosa. de Lamarck. Paris.

Venus mutabilis ?, obliqua, callosa, scobinellata. de Lam. Paris.
casinoides. de Lamarck. Bord., Vicent.
islandica. — Helvet:
Astarte rustica. Sowerby. —
obliquata. — Lond.
excavata. — Helvet.
Cytherea scutellaria, semisulcata. de Lamarck. Paris.
nitidula. de Lamarck. Paris, Bord., Lond.
laevigata. — —
convexa. Al. Brongniart. Helvet.
tellinaria. de Lamarck. Paris.
crycinoides. — — Bord., Vicent.
Corbula gallica. — — Helvet.
rugosa. — —
striata. — — Bord.
anatina. — —
Mactra semisulcata. — —
deltoides. Brocchi. Bord.
triangula. — — Plais.
solida. Linné. Helvet.
Erycina laevis. de Lamarck. Paris.
elliptica. — — Bord.
Panopea Faujasii. Ménard de la Croye. Par., Bord., Helvet.
Mya mandibula. Sowerby. Helvet.
Solen vagina. de Lamarck. Par., Bord., Helvet.
fragilis. — —
strigillatus. — — Bord., Helvet.
legumen. Linné. Helvet.
Psamobia ? Labordei. de Basterot. Bord.
Teredo. Paris.
Fistulana personata. de Lamarck. Paris.
èlongata. Deshayes. Paris.
Clavagella coronata. Deshayes. Paris, Bord.
Aspergillum leoganum. Bord.
Terebratula bissinuata, ampulla. de Lamarck. Plais.
vitrea. Linné, Brocchi. Plais.
inconstans. Sowerby. Anglia.
Cyclostoma mumia. de Lamarck. Paris.
Lymneus strigosus. Al. Brongn. Le Locle, apud Neufchâtel.
fusiformis. Sowerby. Wight insula.
longiscatus, elongatus, acuminatus. Al. Brongniart. Paris.
aequalis, pygmeus. Marcel de Serres. Salinelle.
ventricosus. Brard. Bruère.
ovum. Al. Brongniart. Paris.
Planorbis lens. — —
evomphalus. Sowerby. insula Wight.
Bulimus atomus, pusillus. Brard. Paris le Puy.
Paludina affinis. Marcel de Serres. Salinelle.
impura. Drap. Quercy.
Hammeri. Bouxwiller.
Helix Ramondii, Cocqui. Al. Brongniart. Orléans, Auvergne.
Cypris faba. Desm. Orléans, Auvergne.
Unio. Le Puy, Le Locle.
Cyclas. insula Wight.
? *Anodonta* Lavateri. Al. Brongniart. Aix in Provence, Le Locle, Oeningen.
Planorbis rotundatus. — Soissonnois, Bagneux etc.

Planorbis regularis. Marcel de Serres. Cézenon.
incertus, punctatus. de Férusac. Bagneux, Epernay.
Prevostinus. Al. Brongniart. Paris.
Physa antiqua. de Férusac. Epernay.
Lymneus longiscatus. Al. Brongniart. Paris.
de Sheppey. Brard. Sheppey insula.
Paludina virgula. de Férusac. Epernay.
unicolor. Olivier, de Férusac. Soisson.
Desmarestii. Constant Prévost. Paris.
Melania triticea. de Férusac. Epernay.
Escheri. Al. Brongniart. Koepfnach.
Melanopsis buccinoides. de Férusac. Epernay, Soisson, Italia.
costata. Olivier, de Férusac. Soisson.
Ampullaria Faujasii. Al. Brongniart. S. Paulet.
Nerita globulus. de Férusac. Epernay.
pisiformis. — —
sobrina. — — Soissonnais etc.
Cyrene antiqua. — Bassin de Sainte-Marguerite.
tellinoides, cuneiformis. de Férussac. Soissonn.
Crawfordii. Irawadi.
Cyclus palustris. Helvet.
Unio ovatus. Helvet.
Belemnites mamillatus. Nilson. Ignaberga.
Scandiae. de Blainville. Scandia.
mucronatus. de Schlotheim. Paris, Polonia.
Listeri. Gidéon Mantell. Sussex.
Baculites anceps. Nilson. Balsberg.
Lituolites nautiloides, difformis. de Lamarck. Paris.
Nodosaria sulcata, laevigata. Nilson. Scandia.
Turrulites costatus, undulatus, tuberculatus. Sowerby. Sussex.
Ammonites stobaei. Nilson. Scandia.
varians. Sowerby. Rouen, Suss.
splendens. — Suss.
Woolgari, catinus. Gidéon Mantell. Suss.
rusticus. Sowerby. Suss.
Lewesiensis. Gidéon Mantell. Suss.
Mantelli, auritus, lautus. Sowerby. Suss.
rhotomagensis. Al. Brongniart. Suss., Rouen.
Gertoni. Defrance. Suss., Rouen.
tuberculatus. Sowerby. Suss.
canteriatus. Defrance. Suss., Rouen.
Hamites alternatus. Gidéon Mantell. Suss.
maximus, intermedius, armatus. Sowerby. Suss.
Scaphites striatus. Parkinson. Suss., Rouen.
costatus. Gidéon Mantell. — —
Nautilus pseudopompilius. de Schlotheim. Rouen, Perigueux.
elegans. Sowerby. Rouen, Sussex.
inaequalis. — Sussex.
obscurus. Nilson. Koping.
Lenticulites comptoni. Nilson. Koping.
cristella. Nilson. Charlottenland.
Planularia elliptica. Nilson. Charlottenland.
Trochus Basteroti. Al. Brongniart. Paris, Koping.
inaequalis. Sowerby. Suss.
onustus. Nilson. Koping.
Turbo sulcatus. Nilson. Koping.
Cirrus plicatus. Sowerby. Sussex.

Voluta ambigua. Sowerby Sussex.
Rostellaria anserina. Nilson. Koping.
Parkinsonii, carinata. Gidéon Mantell. Sussex.
Pyrula planula. Nilson. Koping.
Natica? Retzii. — Balsberg } Sueciae.
Arca exaltata. — Carlshamm }
rhombea. — Balsberg.
Cucullea decussata. Sowerby. Rouen, Sussex.
Pectuncalus lens. Nilson. Balsberg.
Nucuta producta. — Koping et Koseberg.
pectinata. Sowerby. Suss., Boulonois.
Trigonia pumila. Nilson. Koping, Balsberg.
clavellata. Sowerby. Suss., Lisieux.
alaeformis. — —
Cardita Esmarkii. Nilson. Kaesemark, in Scandia.
Corbula caudata. — Koping.
Avicula caerulescens. — —
Ostrea vesicularis. de Lamarck. Par., Périg., Anglia, Koping.
lateralis. Nilson. Koping, Molla.
serrata. Defrance. Dreux., Norm., Suec.
clavata. Nilson. Mörby.
hippodium. — Isö, insula. Koping, Molla.
curvirostris, acutirostris. Nilson. Isö, insula.
flabelliformis. — Mörby, Moen.
lunata. —
diluviana. de Lamarck.
Plicatula spinosa. Gidéon Mantell. Suss.
Chama connuarietis, laciniata. Nilson. Balsberg.
haliotidea. Sowerby. Balsberg.
Catillus Cuvieri. Alex. Brong. Paris, Rouen, Tours, Scandia.
Lamarckii. Parkinson. Sussex.
Brongniartii. Sowerby. —
Inoceramus concentricus, sulcatus. Sowerby. Suss.
undulatus. Gid. Mantell. Suss.
Mytiloides labiatus. de Schlotheim. Rouen, Joigny.
Podopsis truncata. de Lamarck. Balsberg et al.
Pecten quinquecostatus. — Paris, Rouen, Scandia.
septemplicatus. Nilson. Balsberg.
cretosus. Defrance. Paris.
crenatus. Sowerby. Koping.
arachnoides. Defrance. Paris, Normandie.
membranaceus. Nilson. Koping.
dentatus. — Balsberg.
orbicularis. Sowerby. Normandie, Anglia, Koping.
infextus. Al. Brong. Sussex.
Beaveri. Sowerby. —
lamellosus. — — Pisbury.
Plagiostoma spinosum. Sowerby. Paris, Normandie, Anglia, Polon., Koping.
semisulcatum. Nilson. Balsberg.
Mantelli. Alex. Brong. Douvres.
punctatum. Sowerby. Anglia, Balsberg.
Modiola imbricata. Sussex.
Venus ringmerensis. Gid. Mantell. Sussex.
Mytilus laevis. Defrance. Paris.
Terebratula Defrancii. Al. Brong. Paris, Scandia, Sussex.

Terebratula longirostris. Wahl. Nils. Balsberg.
plicatilis. Sowerby. Paris, Anglia, Sussex, Moen.
ovata. — Anglia, Suecia, Sussex.
alata. de Lamarck. Paris, Mörby.
subrotunda. Sowerby. Sussex.
carnea. — Paris, Normandie, Anglia.
octoplicata. — — — Suecia.
undata. — Sussex.
semiglobosa. — Anglia, Charlottenland, Moen.
intermedia. — Suss.
lens. Nilson. Anglia, Charlottenland.
spathula. Wahl. Nils. Balsberg, Ignaberga.
pectita. Sowerby. Anglia, Ignaberga.
costata. Wahl. Nils. Balsberg.
Megas pumilus. Sowerby. Paris, Anglia.
Crania parisiensis. Defrance. Paris.
spinulosa, tuberculata. Nilson. Mörby.
nummulus. de Lamarck. Balsberg.
striata. — Ignaberga, Moen.
Potamides? Sussex.
Melania attenuata, tricarinata. Sussex.
Paludina fluviorum, extersa, elongata. Suss.
Cyrena membranacea. Suss.
Cardium? turgidum. —
Cypris faba. Desm. —
Ammonites discus. Sowerby. Stonesfield.
planulatus. de Schlotheim. Solenhofen.
colubrinus. Reinecke. —
Nautilus. Stonesfield.
Belemnites. —
Turbo. Anglia.
Turitella. —
Rostellaria. —
Patella rugosa. Sowerby. Anglia.
Modiola imbricata, aspera. Sowerby. Anglia.
Unio? acuta. — — Caen.
Trichites. Defrance. Vermanton.
Pinna granulata? Sowerby. La Rochelle.
Trigonia clavellata, costata. Sowerby. Anglia.
Cardita deltoidea, lyrata, producta. Sowerby. Anglia.
Latraria Jurassi. Al. Brong. Ligny, Anglia.
Mya scripta. Sowerby. Mesnil, apud La Rochelle.
Venus? Anglia.
Gryphae cymbium. de Lamarck. Caen.
Ostrea Marshii. Sowerby. Anglia.
crista galli. de Schlotheim. Anglia.
acuminata. Sowerby. —
Pecten fibrosus, laminatus. Sow. —
Avicula echinata, costata. — —
Lima gibbosa. — —
Terebratula subrotunda, intermedia, digona, ornithocephala, obovata, obsoleta. Sowerby. Anglia.
Plagiostoma obscurum. — —
Chama.
Belemnites compressus. de Blainville. Amberg.

Belemnites lanceolatus. de Schlotheim.
(hastatus. de Blainville.) Alsatia.
Ammonites discus. Sowerby. Souvigny, Bayeux, Dundry.'
elegans, Banksii, Blagdoni, Brakenridgii. Sow. Angl., Dund.
Brocchii, Brongniartii, Herwegi, Stockesi, Walcottii. Sowerby. Anglia, Dundry.
dedoratus. de Schlotheim. Amberg.
annulatus. Sowerby. Montd'or., Lyon, Anglia.
Strangwaysii, falcatus, falcifer. Sowerby. Anglia.
Brownii, cordatus. — — Dundry.
Birchii. — Mézières.
Becchii, sublaevis. — Anglia.
Nautilus lineatus. — — Dundry.
obesus, sinuatus. — —
Trochus similis, concavus, dimidiatus, duplicatus, elongatus, punctatus, abbreviatus, fasciatus, granulatus, sulcatus, ornatus. Sowerby. Anglia.
bicarinatus. Sowerby. Dundry.
Cirrhus nodosus, Leuchsii.
Pterocerus Oceani. Al. Brong. Alsatia.
Turbo ornatus. Sowerby. —
Rostellaria. — Anglia, Dundry.
Melania. — Mulin, Caen.
Nerinea. Defr. (Turitella Sois.) Sowerby. Jura, Val. Délémont.
Ampullaria. — Anglia.
Trigonia costata. — — Alsatia.
clavellata, striata. — — Dundry.
duplicata. — —
elongata. — Alsatia.
Cucullea oblonga. —
Nucula margaritacea. —
Cardita obtusa, lunulata, similis. —
producta, deltoidea. — Anglia.
lyrata. — — Dundry.
Lutraria gibbosa, lyrata, ambigua. —
Astarte excavata, lurida? truncata? ovata. Sow.
Unio Listeri, concinna, acuta. Sowerby.
Mya intermedia. —
V. scripta. — Alsatia, Anglia, Dundry.
Modiola anatina, imbricata, plicata, truncata. Smith. Angl., Dund.
Pinna lanceolata.
Trichites. Defrance.
(Ostrea trichites Conyb.)
Ostrea rugosa, acuminata, gregarea, palmata, cristata. Sowerby. Anglia, Alsatia.
Marshii. Roué. Anglia, Alsatia.
cristagalli. de Lamarck. Anglia, Alsatia.
carinata. Sowerby. Alsatia.
Pecten lens, barbatus, fibrosus, aequivalvis, laminatus. Sowerby. Anglia, Alsatia, Stranen.
Gryphea dilatata.
Lima proboscidea, gibbosa. Sowerby. Anglia, Bayeux.
Avicula costata, echinata. —
Perna aviculoides. —
Plagiostoma punctata, rigida, gigantea. Sow. Anglia, Dundry.
Terebratula intermedia. Sowerby. Anglia, Alsatia.

Terebratula carnea. Sowerby. Anglia, Dundry, Jura.
semigloba, digona, ornithocephala, acuta, resupinata. Sowerby. Anglia, Dundry.
media, obsoleta. Sowerby. Auglia, Dundry, Jura, Luc.
spinosa, subrotunda, reticulata, rudis. Sow. Anglia, Dund., Luc.
Terebratula Pecten, segulatus. de Schlotheim. Amberg.
Ammonites planorbis. Sowerby. Lyme-R.
Walcotii. — Bath, Figeac.
annulatus, communis, angulatus, giganteus. Sowerby. Figeac.
Birchii. Sowerby. Charmouth.
Becchei, armatus, planicosta, stellaris, Brockii. Sow. Lyme-R.
Bucklandii. Sowerby. Bath.
Conybeari. — Anglia, Bath et Lyme-R., Alsatia, Gundershofen.
fimbriatus. — Lyme-R.
Grenoughii. — Bath.
Henleyi, Loscombi, obtusus, heterophyllus. Sowerby. Lyme-R.
Belemnites brevis, apicicurvatus. de Blainville. Alais.
giganteus. de Schlotheim. Amberg.
penicillatus. de Blainville. Salins, Anduze.
bisulcatus. — Caen.
Aalensis. Voltz. Aalen in Würtembergia.
Nautilus intermedius, striatus. Sowerby. Anglia, Alsatia.
truncatus. — Alsatia.
Trochus duplicatus, similis, imbricatus. Sowerby. Cheltenham.
anglicus. Sowerby. Weston.
Helicina? compressa. — Leicestershire.
expansa, solarioides. Sow. Lyme-R.
Melania striata. — Lymington.
Cerithium. Alsatia.
Patella discoides. de Schlotheim. Alsatia.
Cucullea laevis. Sowerby.
Cardita lyrata. —
Astarte.
Lutraria ambigua. — Alsatia.
Unio? crassissima. — Bath.
Pinna granulata, quadrivalvis. Sowerby. Avalon.
Mya depressa. — Alsatia.
V.-scripta. — — Scarborough.
Modiola laevis, depressa. — Anglia.
minima, hillana. — —
Lucina? Alsatia, Wilgotheim.
Avicula inaequivalvis. Sowerby. Anglia, Dursley.
Pecten aequivalvis. Sow. Glocestersh., Yeovil, Arbigny, Avalon.
Gryphaea incurva. — Bayeux, Valogne, Metz, Salins, Bath, Cheltenham, Amberg etc.
arcuata. de Lamarck. Glamorgan.
obliquata, gigantea. Sowerby. Figeac., Glocestershire.
gigas. de Schlotheim. Mézières, Bréteville.
cymbicum. — Amberg.
Lima antiqua. Sowerby. Figeac.
Trigonia navis. Voltz. Alsatia.
costata. Sowerby. Alsatia.
striata. Figeac.
Perna? mytiloides. Sowerby. Anglia, Alsatia.
Plagiostoma punctatum. — — Figeac.

Plagiostoma giganteum. Sowerby. Anglia, Bath, Alsatia, Gundershofen.
rusticum. — Millau.
semilunaris. — Alsatia.
Hermanni. Voltz. —
Plicatula spinosa. Sowerby. Anglia, Alsatia.
Hippopodium ponderosum. — Cheltenham.
Terebratula ornithocephala? acuta, crumena. Sow. Figeac.
Spirifer Walcotii. Sowerby. Bath, Alsatia.
Pentamerus.
Echinus.
Pentacrinites caput medusae, briareus, subangularis. Miller. Anglia, Alsatia, Gundershofen, Figeac.
basaltiformis, tuberculatus. Miller. Anglia, Alsatia.
Turbinolia.
Grand saurien. Cuvier. Lunéville.
Plesiosaurus. Jäger. Boll in Würtembergia.
Rhynchoites. Lunéville, Göttingen.
Ceratites. Haan.
Ammonites nodosus. de Schlotheim. Götting., Toulon, Würtemberg.
Ceratites bipartitus. Gaillardot. Lunéville.
nautilus bidorsatus. de Schlotheim. Weimar, Hainberg, Würtemberg.
Buccinum obsoletum. de Schlotheim. Göttingen.
Strombites denticulatus. — —
Dentalites torquatus, laevis. — —
Patellites mitratus.
Myacites elongatus, musculoides. de Schloth. Würtemberg.
ventricosus. — Lunéville.
Cardium striatum, chamites. — Götting., Würt.
Plagiost. punctatum, chamites. — Götting., Toulon, Gotha.
lineatum. Göttingen.
Ostracites: pleuronectites laevigatus, pleuronectites discites. de Schlotheim. Götting.
pleuronectites discites. de Schlotheim. Götting., Lunéville, Toulon.
Ostrea cristata difformis. — Lunéville.
Pecten (ostracites pectinites) reticulatus. de Schloth. Götting.
Spondyl. (ostr. spondiloides). de Schlot. Götting., Lunéville, Toulon.
Trigonellites pes anseris. de Schloth. Götting., Lunéville.
vulgaris, curvirostris. — —
Mytulites socialis, costatus, incertus, eduliformis. de Schloth. Götting., Lunéville.
Terebratula vulgaris. de Schloth. Götting., Lunéville, Toulon, Würtembergia.
orbiculata. de Schlotheim. Würtemb.
Encrinites liliiformis. — — Götting.
Ammonites.
Melania? scalata (strombite) de Schlotheim. Domptail.
Natica. Domptail.
Pecten priscus. —
Mytilus eduliformis, socialis. —
Gryphaea laevis. de Schlotheim. Hainberg (Götting.)

Trigonellites vulgaris. de Schlotheim. Domptail.
Product. aculeat (gryphites), rugosus. — Thüring. etc.
speluncarius. — Glückbrunn.
Terebratula alata.
paradoxa, lacunosa, elongata, inflata, pelargonata. de Schlotheim. Schmerbach.
pygmaea. de Schlotheim. Leimstein.
Encrinites ramosus. Glückbrunn.
Milleporae.
Coralliolites columnaris. de Schlotheim.
Flustra. Durham.
Ammonites gibbosus.
Terebratula lacunosa. Schmerbach in Thüring.
Unio?
Anodontites?
Nautilus caricaeformis. Sowerby. Dublin.
Orthoceratites communis, duplex. Wahlenberg. Westerplana in Westrogothia.
imbricatus. Gothland et Kentuky.
striatus. Sowerby. Malmö.
undulatus. de Schlotheim. Szarko-Sselo, Viset.
crassiventris. Wahlenberg. Gothland.
gracilis. Blumenbach, de Schlotheim. Hellenburg in Nassovia.
tenuis et scalaris. Wahlenberg. Mösseburg in Westrogothia, Christiania, Bornholm, May apud Caen.
Lituolites perfectus. Wahlenberg. Mösseburg.
imperfectus. — Jungby in Suecia.
Conularia. Miller. May.
Posidonia Becheri. H. Bronn. Werden, Dillenburg apud Marburg.
Bellerophon tenuifascia. Sowerby. Vizet.
costatus. — Dublin.
apertus. — Carlingford.
Turbo? (helic. catenulatus Wahlenberg.) Gothland.
Evomphalus. Argenteau in Belgia, Vizet.
alatus (helicites Wahlenberg). Malmö, Gothland.
pentaagulatus. Sowerby. Namur. Dublin.
pseudogualterianus, (sive catillus, var.; Sowerby. helicites Gualterianus). de Schloth. Reval.
maclurei (maclurites magna Lesueur.) Lacus Erie.
Cardium? hybernicum. Sowerby. Saint-Dolough apud Dublin.
Isocardia? — Dublin.
Astarta? cypricardia?? — May.
Terebratula Durassii. Defrance. —
reticularis (anomites Wahlenberg.) Gothland.
plicatella. Wahlenberg. Gothland? Canalis Goth.
crumera? Sowerby. Dublin.
prisca. de Schlotheim. Bensberg.
ostiolata. (sive spirifer pinguis.) de Schloth. Eifel.
aperturata. de Schloth. Bensberg.
dubia. Defrance. Duras in Hibernia.
cor. Eifel.
aspera. de Schlotheim. Eifel.
Basterotina. (sive spirifer pinguis.) Defrance. Duras.
lenticularis, anomites. Wahlenberg. Billingen, Westrogoth. Andrarum in Scandia.

Spirifer cuspidatus, pinguis, glaber, striatus. Sowerby. Dublin.
?   Ager Caynga, regnum New-York.
striatus, var. de Schlotheim. Namur, Dublin.
striatula. — Dublin.
intermedius, terebr. — Allenhead in Northumberland, Eifel.
alatus. Coblenz.
hysterolites. de Schlotheim. Zellerfeld, Belfast.
sarcinulatus, terebr. — Coblenz, Malmö, Montes Catskill, New-York, Mösseberg.
anomites, rhomboidalis. Wahlenberg.
Strophomenes rugosa. Kentucki, Ohio.
pileopsis. Rafinesque—Schmaltz. Kentucki.
umbraculum, Gonotrema. de Schlotheim, Rafinesque—Schmaltz. Eifel, Sinus Christian.
Pecten. (anomites Wahlenberg.) Mösseberg, Halbberg in Westrog. Catskill.
Pentamerus (anomites Wahlenberg). Gothland.
conchidium. Linn. Sinus Christian.
Productus scabriusculus. Sowerby. Kiskaldy in Scotia, Vizet.
scotius. — Liège, Duras.

IV. Cyrrhopoda.

Balanus titinnabulum. Linn. Plaisantin.
miser. de Lamarck. —
sulcatus. — apud Nantes.
tesselatus. Sowerby. Plaisantin.
perforatus. Stud. Helvetia.
Pyrgoma. Leach. Dax.

V. Trilobites.

Calymene Blumenbachii. Al. Brongniart. Dudley, Worcestersh. Lebanon ad Ohio et Newport, apud Utica.
macrophthalmus. Cromford, apud Düsseldorf.
variolaris, Tristani. Al. Brong. Breuville in Contentin, Folaise, La Hunaudière, Bain, apud Rennes.
Asaphus cornigerus. de Schlotheim. Petropolis.
expansus. Wahlenberg. Husbyfjöl, Kinnekule in Westrog.
cardigerus. Al. Brong. Dudley.
Hausmanni. — Ambersbury, Prag.
de Buchii. — Dynevorspark.
Brongniartii. Délonch. May., Nehon, Eifel.
crassicauda. Wahlenberg. Husbyfjöl, Christiania, Tsarko-Sselo.
Isotellus gigas et planus. de Kay. Trenton, Canajohar.
Ogygia Guettardii, Desmaresti, Wahlenbergii. Al. Brong. Angers.
Sillimani. Al. Brong. Rive de la Mohauk, apud Schenectady.
Paradoxides Tessine. Obstorp, Westrogothia.
Hoffii. Goldfufs. Braatz, apud Ginez in Bohemia.
gibbosus. Al. Brong. Kinnekulle.
spinilosus. — Andrarum.
scaraboides. — Falkoping (Suecia).
Agnostus pisiformis. Al. Brong. Kinnekulle et Mösseberg in Westrogothia.

VI. Annulata.

Serpula cristata. de Lamarck. Paris.
Spirorbis conoidea. — —
Dentalium radicula. — —
aprinum. — Plaisantin.
striatum. — Paris, Nizza, Isalia.
entalis. — —
Siliquaria spinosa. — —
lima. — — Anjou.
anguina. Linnaei, Brocchi. Plaisantin.

VII. Radiata.

Echinus monilis. Deshayes. Anjou.
Scutella bifora. — Bordeaux.
subrotunda. de Lamarck. Bordeaux, Anjou.
lenticularis. — Paris.
Clypeaster Gaymardi. Al. Brong. Corsica, Plaisant.
marginatus. de Lamarck. Dax, Corsica.
altus. — Corsica?
Richardi. Deshayes. Dax, Vicent, Paris?
stelliferus. de Lamarck. Bordeaux.
trilobus. Defrance. apud Bex.
oviformis. de Lamarck.
Brongniarti. C. Münster.
Cassidulus complatonus. — Par., Noirmoutier, Traunstein.
testudinarius. Al. Brong. Vicent, Traunst.
Nucleolites grignonensis. Defrance. Paris, Corsica.
Galerites conoideus. de Lamarck. Verona, Traunstein.
Bouéi. C. Münster. Traunstein.
Spatangus. apud Palermo.
? Sardinia, Corsica.
Parkinsonii. Paris, Montmartre.
ornatus. Defrance. Bossin de Saint-Invat.
Asterias auranciaca? Stud. Helvetia.

VIII. Crustacea.

Atelecyclus rugosus. Desm. Montpell.
Leucosia Provostiana. — — Paris.
Inachus. — —
Palinurus. Bolca.
Speroma mangorum. Desm. Montmartre.
Astachus Leachii. Gid. Mantell. Sussex.

IX. Insecta.

Apteres Aranea, Phrynus.
Coleoptères Dytiscus, Staphylinus, Buprestis, Melolontha, Curculionides, Trogossita. Aix in Provence.
Orthoptères. —
Hemiptères. —
Nevroptères. —
Hymenoptères. —
Lepidoptères. —
Diptères. —

VIII. *b.* et IX. *b.* Crustacea, Insecta etc. ?

Libellula. Eichstädt.
Eryon Cuvieri. Desm.
Astacus leptodactylus. Germar. Solenhofen.
Mecochyrus locusta. —
Trigonellites latus. Parkinson. Eichstädt.
{problematicus. — —
{tellinites. de Schloth. — et Amberg.
Euryalis (ophiurus octofilatus). de Schloth. Eichstädt.

X. Pisces.

Mugil cephalus. de Blainville, Cuvier. Minae mercur. Palatinat.
Perca minuta. — Himmelsberg, apud Saarbrück, in Bavaria Rhenana.
Cyprinus sqammosus, bipunctatus. de Blainv. Oeningen.
jeses. Schum. Oeningen.
capito. de Blainville.,
minutus. Faujas.
idus? de Blainville.
Poecilia tinca?? —
Anormurus Lametherie. de Blainv.
Esox macrolepidotus. —
Amia ignota. —
Ichthyolith. indetermin. Par., Perpignan etc.
Muraena? lewesiensis. Gid. Mantell. Sussex.
Zeus — — —
Salmo — — —
Esox — — —
Clupea sprottiformis, Knorii, Davieli. de Blainville. Pappenheim, apud Eichstädt.
Clupea spratus. de Blainville. Littora Island.
Labrus Julis?? — Paris.
Squalus. Bolca.
Trygonobatus crassicaudatus. de Blainville. Bolca.
Narkobatus giganteus. — —
Balistes dubius. — —
Tetraodon Honckenii, hispidus. Volta. —
Diodon.
Paleobalistum orbiculatum. de Blainville. —
Centriscus longirostris, aculeatus. — —
Syngnatus typhle. Volta. —
breviculus. de Blainville. Bolca.
Lophius piscatorius. de Blainville. Bolca.
Fistularia bolcensis. — —
Esox longirostris, sphyraena, macropterus. de Blainv. Bolca.
Clupea murenoides, cyprinoides, evolans. — —
Mugil brevis. — —
Trigla lyra?
Scomber altalunga, thynnus, Kleinii, speciosus. (et plus quam se terae species.) Volta. Bolca.

Perca? formosa? (et tres aliae adhuc incertae.) Linné, Volta.
Amia indica. Volta. Bolca.
Sciaena Plumieri. — —
Lutjanus lutjan? ephippicum. Volta. Bolca.
Holocentrus calcarifer? — —
Sparus macrocephalus, vulgaris (et plures aliae species.) de Blainville. Bolca.
Labrus turdus, punctatus. Volta. Bolca.
rectifrons. de Blainville. —
Chaetodon pinnatiformis, vespertilio, substriatus, subarcuatus, de Blainville. Bolca.
saxatilis, chirurgus. Volta. Bolca.
subaureus. de Blainville. —
papilio. Volta. —
velifer. (et plus quam XVIII. species, omnes diversae specibus viventibus.) de Blainville. Bolca.
Zeus platessus, rhombeus. — —
Pleunorectes quadratulus? Belon. —
Gobius barbatus. Volta. Bolca.
Blochius longirostris. Volta. Bolca.
Gallionymus vestenae. — —
Ophidium barbatum. (Dentes et os.) Volta. Bolca.
Squalus counubicus? mustela? zygaena? Gid. Mantell. Sussex.
Balistes. Sussex.
Diodon. —
Dapedium politum. Delabèche. Lyme-R.
Chaetodon. Durham.

XI. Reptilia.

Crocodile de Castelnaudary, de Brentfort. Cuvier.
Trionyx d'Avaray. Cuvier. Avaray.
Lézard. Sardinia.
Emyde Helvet. Cuvier. Helvet.
de Bruxelles Melsbroeck, apud Bruxelles.
de Deluc. Plaisantin.
Testudo punctata. Bourd. Helvet.
Crocodile des plâtrières. Cuvier. Paris.
d'Argenton. — Argenton.
Trionyx des plâtrières. — Paris.
maunoirs. Bourd. Paris et Aix.
des molasses. Cuvier. La Grave, L'Agenois, Le Quercy, Haute-Vigne, Lot-et-Garonne, Castelnaudary.
Emydes des plâtrières. Cuvier. Paris.
Portul d'Aix. — Aix.
? Salamandre gigantesque. — Oeningen.
Crocodile d'Auteuil. — Auteuil, apud Paris.
vulgaire. — Irowadi.
de Provence. — Mine de Mimet. Aix.
de Sheppey. — Sheppey.
Leptorhynchus. W. Glift. Irawad.
Emyde de Sheppey. Sheppey.
de l'Inde. W. Glift. Irawadi.
Trionyx de l'Inde. W. Glift. Irwadi.

Crocodile de Meudon. Cuvier. Meudon apud Paris.
Chélonée de Maestricht. Maestricht.
Mesosaurus. Cuvier. — Scichem.

Crocodiles de Sussex. Cuvier. Forêt de Tilgate.
Megalosaurus — —
Iguanodon. Gid. Mantell. —
Emyde de Sussex. Cuvier. —

Gavial longirostre, brevirostre. Cuvier. Honfleur.
Ichthyosaurus. Honfleur, Oxford.
Plesiosaurus recentior. Conub. Honfleur, Kimeridge.
Gavialis priscus. Sömmering. Monheim, Eichstädt.
Geosaurus giganteus. — Cuvier. Monheim, Eichstädt.
Megalosaurus Bucklandi. Stonesfield, Eichstädt.
Pterodactylus longirostris. Sömmering. Eichstaedt.
brevirostris. Cuvier. Windischhof apud Eichstaedt.
grandis — Solenhofen — —
Emyde du Jura. — Apud Soleure.
Gavial de Caen. — Caen, Jura de Soleure.
Crocodile du Mans. — Ballon, Chaufour.
Megalosaurus. Caen.
Plesiosaurus corinatus. Cuvier. Boulogne.
pentagonus. — Auxonne.
? trigonus. — Côte du Calvados.
Ichthyosaurus. Reugny.
Crocodilus bollensis. Jaeger. Boll in Würtemberg.
Geosaurus bollensis. — Boll.
Ichthyosaurus communis, platyodon, tenuirostris, intermedius. Delabèche. Boll, Lyme-Regis.
Plesiosaurus dolichodeirus. Conub. Lyme-R.
Phytosaurus cylindricodon, cubicodon. Jäger. Boll.
Mastodonsaurus. — —
Salamandroides giganteus. Jäger. Gaildorf, (Würtemberg.)
Monitor de Thuringe. Cuvier. —

XII. Mammifera.

Equus. Mannsfeld, Rothenburg, Glückbrunn, Memmingen etc.
Sus scrofa Scandia.
Rennes de Scanie. —
Elan. —
Cervus communis. —
Chevreuil. Département de la Somme.
Aurochs. Scandia.
Boves. Vallum Rhenanum.
Castor. Départ. de la Somme.
Elephas primigenius. Blumenb., Cuvier. Per antiqu. continent.
Mastodon maximus. Cuvier. Auvergne, Americ. septent.
angustidens. — Americ. septent.
Mastodon Andium. Cuvier. Americ. merid., Cordilleras.
Humboldtii. — —
minutus, tapiroides. Cuvier. Europa.

Hippopotamus major. Cuvier. Val d'Arno super., Walton.
minutus. — Landes de Bordeaux.
Rhinoceros tichorhinus. — Europa, Siberia, Oxford etc.
leptorhinus. — — —
incisivus. — Germania, Appelsheim.
minutus. — Moissac.
Equus adamiticus. de Schlotheim. Ubique.
Papir. Auvergne.
gigantesque. Allan, Vienne, Chevilly etc.
Aper arvenensis. Croizet. Auvergne.
Daim gigantesque. Cuvier. Abbeville.
Renne d'Etampes. — Breugne.
Cervi. Auvergne.
Cerf à bois gigantesques. Cuvier. Occident. Europa, Hibernia, Essex, Silesia, apud Paris etc.
Boves. Auvergne.
Bos urus priscus. de Schlotheim. Siber. occ. et orient. Germaniae, Boruss., Italia, America.
Mericotherium sibiricum. Bojanus.
Felis divers. Auvergne.
Hyène fossile. Cuvier. Auvergne, Canstadt, Fouvent.
Canis. — — —
Chien gigantesque fossile. Cuvier. Avaray, apud Beaugency.
Renard des cavernes. Val d'Arno.
Ursus. Auvergne.
cultridens. Cuvier. Auvergne.
Trogontherium Cuvieri. Fischer. Litt. maris Azof apud Taganrock.
Porc-épic fossile. Cuvier. Val d'Arno.
Castor. Auvergne.
Megalonix. Green Briar.
Megatherium. Cuvier. Luxan, Buenos-Ayres.
Pangolin gigantesque. Cuvier. Alzey.
Elephas primigenius. Blumenbach. Kirkdale, Hutton, Muggendorf.
Hippopotamus. Kirkdale.
Rhinoceros tichorhinus. Cuvier. Dream, apud Callow. Plymouth.
Palaeotherium. Villefranche, Lauraguais.
Chaeropotamus. — —
Cheval fossil. Kirkdale.
Porc — Mendip.
Cerf de Gibraltar. Cuvier. Gibraltar.
de Nice. Nizza.
de Pisa. Pisa.
Antilope de Nice. Nizza.
Boeuf fossile. Buckland. Kirkdale, Köstritz; Gibraltar.
Chameau fossile. Villefranche, Lauraguais.
Mouton — — —
Filis spelaea, antiqua. Cuvier, Goldfufs. Schwarzfels, Muggendorf,
Grand felis des brèches. Cuvier. Nizza.
Petit — — — — —
Hyène fossile. Kirkdale, Muggendorf, Harz.
Putois — Gaylenreuth.
Belette — Kirkdale.
Clouton. Gaylenreuth.
Loup fossile. Gaylenreuth.

Renard fossile. Sardinia.
Ursus spelaeus. Cuvier. Corniole, Alpis Würtenb. etc.
arctoideus, priscus. — —
Campagnol fossile moyen. Corsica, Sardinia, Kirkdale.
— — petit. Cuvier. Kirkdale.
Rat fossile. — — Gibraltar.
Lagomys. — Corsica, Sardinia.
Lièvre fossile. — Kirkdale.
Lapin — — Gibraltar, Pisa.
Phoca fossilis. Cuvier. Angers, Holisch.
Morse fossile. — —
Palaeotherium magnum, medium, crassum, latum, minus, minimum. Cuvier. Paris.
aurelianense. — Orléans.
isselanum. — Issel.
Anoplotherium commune, secundarium. Cuvier. Paris.
Xyphodon gracile. Cuvier. Paris.
Dichobunes leporinus, murinus, obliquus. Cuvier. Paris.
Chaeropotamus parisiensis. Cuvier. Paris.
Anthracotherium velaunum. — Le Puy en Vélay.
Lophiodon major. — Argent., Yssel, Soissons.
secundarius. — Argenton.
minor, pymeus. — Paris.
maximus, secundus. — Bastberg, apud Bouxwiller.
monspeliensis. — Boutonnet.
quintus. — Argenton.
Canis parisiensis. — Paris.
Genette des plâtrières. — —
Coati — — —
Didelphis parisiensis. — —
Ecureuil des plâtrières. — —
Loir — — —
second. — —
Ornitholithes diversa. Paris, Auvergne, Oeningen.
Mastodon angustidens. Cuvier. Koepfnach (Zürich).
elephantoides, latidens. Clift. Irawadi.
Hippopotamus. Clift. Irawadi.
Rhinoceros. Koepfnach, Irawadi.
Tapir. Clift. Irawadi.
Anthracotherium magnum, minus, minimum. Cuvier. Cadibona in Toscana.
alsaticum. Cuvier. Lobsan.
silistrense. Pentl. Caribari.
Lophiodon du Laonnais. Cuvier. Départ. de l'Aisne.
Bos. Clift. Irawadi.
Castor des lignites. Cuvier. Koepfnach.

XII. *b.* Cetacea.

Lamantin fossile. Cuvier. Angers, Bordeaux, Paris.
Epaulart — — Plaisantin.
Dauphin à longue symphyse. Cuvier. Sort, apud Dax.
commun. — Ibid.
à long museau. — Départ. de l'Orne.
Zyphius planirostris. — Anvers.

Torqual fossile. — Plaisantin, Monte Pulgnasco.
Baleine fossile. — Paris.

XIII. Mammifera et Aves.

Didelphis. Stonesfield.
Ornitholithes? — Kirkdale.

XIV. Anthropoida.

Ossa humana. Guadeloupe, Caverne des mortes près Durfort. Gard, Köstritz.

Quantam residuorum copiam respiciens facile concludes: „Il y a donc eu dans la nature animale une succession de variations qui ont été occasionnées par celles du liquide dans lequel les animaux vivaient ou qui du moins leur ont correpondu; et ces variations ont conduit par degrés des classes des animaux aquatiques à leur état actuel; enfin, lorsque la mer a quitté nos continens pour la dernière fois, ses habitans ne différaient pas beaucoup de ceux qu'elle alimente encore aujourd'hui." (Cuvier l. l. pg. 7. et pg. 139:) „Cette série merveilleuse de zoophytes et de mollusques marins inconnus, suivis de reptiles et de poissons d'eau douce également inconnus, remplacés à leur tour par d'autres zoophytes et mollusques plus voisins de ceux d'aujourd'hui; ces animaux terrestres, et ces mollusques, et autres animaux d'eau douce toujours inconnus qui viennent ensuite occuper les lieux, pour en être encore chassés, mais par des mollusques et d'autres animaux semblables à ceux de nos mers; les rapports de ces êtres variés avec les plantes dont les débris accompagnent les leurs, les relations de ces deux règnes avec les couches minérales qui les recèlent; le plus ou moins d'uniformité des uns et des autres dans les différens bassins: voilà un ordre de phénomènes, qui me paraît appeler maintenant impérieusement l'attention des philosophes;" — ideoque obtutui tuo benigno omnia ista congregata qualiscunque hic, objiciat vellem, conspectus:

Distributio plantarum

(Conspectus tabula

Periodi geologicae.	Formationes e quibus sibi superimpositis etc. talia conjiciuntur. [Terminologia Germanorum usitatissima.]
Corticis terrae partes quae primum formatae putantur.	Granit. (Hornblendegestein. — Urkalk. — Quarzfels. — Talkschiefer.) Thonschiefer. — Glimmerschiefer. — Gneus.
Quae ad secundam format. transitum quendam faciunt.	Uebergangskalk. — Syn. Bergkalk. Kalk. Alaunschiefer.
	Rother Uebergangssandstein (Grauwacke und Grauwackenschiefer).
	Aeltere Grauwacke (Kalk, Kieselschiefer, Thonschiefer, Alaunschiefer.
Terrae partes secundae formationis.	Kohlensandstein. Rothes Todtliegendes. Schieferthon, Sandstein, Thonschiefer.
	Zechstein. Kupferschiefer.
	Bunter Sandstein. Bunter Mergel, Steinsalz, Sandstein.
	Muschelkalk. Mergelkalk-Steinsalz.
	Keupersandstein. Sandstein-Mergel.
	Lias. Liassandstein, Liaskalk (Gryphitenkalk), Alaunschiefer, Mergel, Mergelschiefer.
	Jurakalk. Kalkschiefer, Dolomit, dichter Kalk, Eisenschüssiger Oolit (Roggenstein).
	Grüner Sandstein. Syn. Quadersandstein, Plänerkalk, Flysch, Eisenschüssiger Sand, Muschelmarmor, Thon.
	Kreide. Feuersteine, Mergelige Kreide.

et animalium pristina.

rum praecedentium.)

Rudimenta plant. et animal. petrificata.	Periodi geneseos. ?
Nulla plantarum et animalium residua.	A. Residua antediluviana quorum exempla hodie non habentur viva.
Mollusca (Orthoceratites), Trilobites. Zoophyta. Plantarum prima vestigia.	I. Animalia et plantae inferioris ordinis.
Carbones! Filices, Equisetaceae Lycopodiaceae. Animalia perpauca eaque marina.	(Animalia vertebrata.)
Fuci. Conchylia. Pisces.	II. Pisces accedunt.
Braunkohle. Zoophyta. Conchylia. Pisces.	
Belemnites, Mollusca, Echinites, Crustacea, Pisces, Sauria.	III. Reptilia.
Orthoceratites evanescunt. Abundant filices et equisetaceae.	(Maxima plantarum copia.)
Plantae, Mollusca, Pisces, Ichthyo- et Plesiosauri.	
Algae, Zoophyta, Mollusca (Sepiae), Insect., Crustac., Pisces, Reptilia (Gavial. Ornithocephalus).	
Braunkohlen, Squalus, Testudines, Crocodilus.	
Zoophyta, Conchylia, Pisces, Sauria, Testudinacea.	

Periodi geologicae.	Formationes e quibus sibi superimpositis etc. talia conjiciuntur.
Tertiae formationis.	Untere Süſswasserformation. Sandstein, Mergelthon, plastischer Thon.
	Untere meerische Formation. Syn. Erster tertiärer Kalk, Grobkalk, Kalk, Sand, Thon.
	Mittlere Süſswasserformation. Gyps, Molasse, Mergelkalk, Kieselkalk.
	Obere meerische Formation. (Synonym: Zweiter tertiärer Sandstein). Mergelig - sandige Formationen. Mergelthon, Molasse, Nagelflötz, Thon, Sand, sandiger Kalk.
	Obere Süſswasserformation. Boden vor der Sündfluth. Mühlsteinquarz, Mergel, Kieselkalk, Süſswasserkalk (Kalktuff), Thonmergel.
Diluvium.	Gneus und Gerölle, Sand, Lehm, Thon, Torf, Breccien in Höhlen und Spalten, Felsblöcke, Polareis.
Alluvium	Dammerde, Sand, Lehm, Schlamm, Torf.
	Orbis terrarum superficies qualem hodie bus ob

Rudimenta plant. et animal. petrificata.	Periodi geneseos. ? *)
Braunkohle, Electron, Mya.	
Algae, Zoophyta, Conchae plurimae, Annulata, Crustacea, Pisces, Cetacea.	V. Mammalia apparent.
Braunkohlen, Palmae, Myae, Insecta, Pisces fluv., Testudines, Crocodili, Aves, Vespertiliones, Palaeotherium, Mastodon, Rhinoceros, Castor.	De avium pristina genesi et distributione res ambigua, quoniam rostra et ungues, quibus avium gen. et spec. potissimum definiuntur (ob texturam fragilem?) in terrae form. nondum reperta sunt.
Echinites, Madreporae perpaucae. Ostreae aliaque conchylia. Manatus?	
Plantae, Conchae, Mammalia.	
Plantae, Conchae, Crocodili, Testudines, Lacertae, Aves, Vespertiliones, Pachydermata (Mammuth et alia).	
Mya fluviatilis, Ossa humana, hominumque artefacta (arma et alia).	B. Residua postdiluviana quorum exempla et nunc occurrunt viva. VI. Genus humanum.
conspicimus plantis animalibus et homi- sitam.	

*) Quae geneseos periodi, scilicet hypotheticae, cum Mosaicis, mundi creationis sex diebus, quodam modo congruunt.

„Telle est l'énumération précise des masses successives dont la nature a enveloppée ce globe; la géologie l'a obtenue en combinant les lumières de la minéralogie avec celles, que lui fournissaient les sciences de l'organisation; cet ordre, si nouveau et si intéressant de faits, ne lui est acquis, que depuis qu'elle a préféré des richesses positives données par l'observation, à des systêmes fantastiques, à des conjectures contradictoires sur la première origine des globes et sur tous ces phénomènes, qui, ne ressemblant en rien à ceux de notre physique actuelle, ne pouvaient y trouver, pour leur explication, ni matériaux, ni pierre de touche.

Je pense donc „ill. Cuvier exeunte op. l. inquit" avec MM. Deluc et Dolomieu, que, s'il y a quelque chose de constaté en géologie, c'est que la surface de notre globe a été victime d'une grande et subite révolution, dont le date ne peut remonter beaucoup au delà de cinq ou six mille ans; que cette révolution a enfoncé et fait disparaître les pays qu'habitaient auparavant les hommes et les espèces des animaux aujourd'hui les plus connus; qu'elle a, au contraire, mis à sec le fond de la dernière mer, et en a formé les pays aujourd'hui habités; que c'est depuis cette révolution que le petit nombre des individus épargnés par elle se sont répandus et propagés sur les terrains nouvellement mis à sec, et par conséquent que c'est depuis cette époque seulement que nos societés ont repris une marche progressive, qu'elles ont formé des établissemens, élevé des monumens, recueilli des faits naturels, et combiné des systèmes scientifiques."

Neque vero dubito fore plerosque, quibus aliena hoc loco omnia ista habebuntur, quae in tabulis praemissis in medium prolata sunt. Quid (ut, quam potissimum fortasse miraberis, rem eligam,) — quid montium ignivomorum in his pagellis (pag. 9) enumeratio sibi vult? — te quaerentem audio.

Posset quidem, si de physicis ageretur tali enumeratione conspectus ad intelligendum nexum, qui omnem vim vulcanicam ut ita dicam, in orbe terrarum e singulis locis erumpentem, intercedere nuperrimis et illustrissimis geologis videtur, praevius, quaeri et spectari: causa alio respectu, cui animus advertatur dignissima. Sed quod ad rem nostram propius accedit, commemorandum restat. Neque scilicet veteris neque nostri aevi medicos peritos fugit, aërem, quem montium ignivomorum accolae spirant, morbis quibusdam optime conducere. De phthisi tracheali ipsaque pulmonali nuperrimi tale quid se observasse contendunt. Nobiscum licet de istis dubitare velis, pro certo tamen habebis, laetissimam ibi vegetationem plerumque inveniri, testem peculiaris cujusdam aëri admixti, quod simul in pulmonum cutisque morbos praecavendos vim salubrem exercere videtur, cum repetitae observationes fide dignissimae pulmonum tubercula (morbum in aliis regionibus fere omnibus adeo frequentem) rarissima et impetigines fere nullas prope montes ignovomos obviam esse docuerint. Etsi porro concedendum sit, phthisicos nec in istis nec in ullis locis fore sanabiles, tanta tamen miserorum copia, quos in pulmonum tabem inclinantes dudum praevidere contingit, si per tempus quoddam non nimis angustum in vulcanicis locis commoraretur, donec respirationis apparatus vires recuperatae forent, tuta salvaque ab isto morbo (utinam!) evaderet. Fautrix cutaneorum morborum sanationi istius aëris indoles e sulphurica ejus conditione magis illucescit. Nec dissimile est, insulae Madeirae in utriusque morbi species saluberrimam vim fundamento ejusdem vulcanico superstrui. De quo ut in genere certiores fiamus, opportunum foret, topographiam medicinalem omnium terrae regionum, quae montibus ignivomis insigniuntur, comparatam habere. Ad quam notitiae nostrae et itinerariis dispersae inservire possint. Ardentes enim montes ignivomos in aërem, qui locos circumjacentes perflat, agere, cel. Muncke nuper docuit. „Endlich ist wohl nicht zu verkennen, dass noch brennende Vulkane die Beschaffenheit des Climas einzelner Strecken bedingen. Die Heerde derselben liegen zwar im Allgemeinen zu tief, als dass die Oberfläche des Bodens durch das unterirdische Feuer erwärmt werden sollte, indem namentlich die Spitze des Aetna mit Schnee bedeckt ist, und auf Island Rauch und Flammen zwischen Gletschern hervorsteigen; oft aber werden eben auf letzterer Insel, ungeheure Eismassen durch die Hitze der Vulkane geschmolzen, die heissen Quellen erwärmen bedeutende Strecken, und die Luft überhaupt muss in jenen Umgebungen nothwendig etwas erwärmt werden, den Einfluss der Dämpfe und Gasarten nicht gerechnet, welche aus den Kratern und Bergspalten dringen, und sich in der Umgegend herabsenken." *) Sed haec ad vindicandam enumerationem montium ignivomorum supra notatam. Similia de reliquis profiteri abundat, quum medici, quorum scilicet plurimi geolog. et geognosticis operae navandae certe non vacant, notitias in istis tabulis collatas benevolo, quod speramus, animo accepturi sint. Bene tamen sentimus, internam orbis terrarum structuram momentum non adeo perspicuum in distributionem plantarum, animalium, hominum et morborum exercere, quam externum ejus involucrum, ipsam dico terrae continentis superficiem, humo potissimum, et quibusdam alluvii ac diluvii partibus constitutam. Veruntamen distributio istorum omnium geographica sine geologica et geognostica notitia nec confirmari, nec ipsa climatica locorum, differentia physico-geographica satius fulciri posse videbatur.

---

*) cf. Gehler physikalisches Wörterbuch. (ed. nov) 5ter Bd. 2te Abth. Leipzig, 1830. pg. 864.

AD LIBRUM SECUNDUM
de climate
s. de aëre, aquis et locis.

Climatis notionem veteribus[1]) aliam, quam nostri temporis geographis fuisse, hoc loco notasse tibi sufficiet, qui alienum certe putares, si climatologiam cui tot tantique viri operam navarunt, ab ovo deducere conceptum nobis esset. Faciem vero quam praeter soli indolem climatis varia forma cum vegetatione in genere, et cum distributione plantarum, animalium, hominum et morborum in specie, communem habet, adeo mutabilem, ut omnis fere differentia locorum, quam organicam uno verbo appellasse concedes, inde pendeat, satius dignoscere, nisi nexum istum qui notitias ejusmodi climatologicas intercedit perspexeris, denegatum est.

Omnium vero quibus conspicuum in modum organa nostra afficiuntur, aëris conditionum comprehensionem physicarum rerum expertes clima vocant. Quae vero in constituendo zonarum climate vim exercent momenta, primo loco in genere notanda et quae medici interesse possint infra paucis adumbranda, haec sunt:

1) Coeli temperies.

2) Humidum i. e. humores aëre contenti.

3) Varium, quod barometro notatur, aëris pondus.

4) Tranquillus aut turbatus, motus aut immotus aëris status.

5) Electrici, qui ei inest, vigoris gradus.

6) Utrum purus, an majori minorivi gradu cum damnosis vaporibus (? Gasarten) mixtus sit aër.

7) Pelluciditatis modus et

1) Ptolemaei, Geogr. L. I. c. 8. Riccioli, Geogr. reform. Lib. VIII. c. 9. Varenii, Geogr. gener. Sect. VI. c. 25.

8) quae ex eo tantopere pendent, soli reverberatio, plantarum tela et conditio matura. Aliae insuper permultae, quae ad vim, quam clima in plantas atque animantia habet, modificandam conducunt, conditiones exstare videntur, quorum momentum aequo modo nobis ignotum est, quam quod virium magneticarum intensitas, pro regionum latitudine, tempore, in quo mare accrescit et resorbetur, calore diurno, pertubationibus aurorae borealis (? Nordlicht) mutabilis fortasse in easdem exercet. (Secund. ill. de Humboldt)

Si orbis terrarum massis unius eiusdemque generis formatus esset, omnia loca sub eodem parallelo sita et eodem fruerentur climate, quia absorbentes et emittentes lucis calorisque vires in eadem latitudine aequales forent [1]). Quae quum propter diversum quod mare et terra obtinent spatium, atque soli elevationem, diversissimis elementis effectam, aliasque causas, nec ubique pari modo vigere nec a nobis minimeque in his pagellis disquiri ac perpendi possunt, de singulis tantum quae in plantarum, animalium, hominum et morborum distributionem agunt, paucissima verba facere, hujus loci esse videbatur. Ac primum de **soli**[2]) indole **hodierna**

---

[1]) cf. A. de Humboldt: Ueber die Hauptursachen der Temperatur Verschiedenheit auf dem Erdkörper in d. Abhandl. d. k. Acad. d. Wiss. z. Berl. f. d. J. 1827.

[2]) Die erste Grundlage der Klimatologie ist die Kenntniss der Unebenheiten des Bodens eines Continents. Ohne diese hypsometrische Kenntniss würde man der Bodenerhöhung das zuschreiben, was eine Folge anderer Ursachen wäre, die in niederen Regionen (auf einer Oberfläche, die mit der Oberfläche des Oceans gleiche Krümmung hat) auf die Beugung der isothermen Linien wirken. . . . . Die [dargelegten] Contraste zwischen Europa und Asien bilden den Verein der Ursachen, welche insgesammt auf die Beugung der Linien jährlicher Wärme und auf die ungleiche Vertheilung dieser geringen Wärme zwischen den verschiedenen Jahreszeiten einwirken, Phänomene, welche vorzugsweise im Osten des Meridians von St. Petersburg bemerkbar werden, da nämlich, wo der Continent von Europa in einer Länge von 20 Breitengraden dem nördlichen Asien sich anschliesst. Ost-Europa und ganz Asien (letzteres

qualis e terrae historia, modo geognosticis et geologicis notitiis adumbrata prodiit quamque in libro primo, — cui alia de parte magis congruum videri potuisset — simul tractare, nexu quem haec res cum varia aëris temperie habet, impediti sumus. Iuvabit de re in climaticis et geologicis pari modo notabili, de altitudine dicam, prae ceteris loqui.

Altitudo loci.

Si quod situs regionum in vegetabilem earum indolem habet pondus ponderare velis, locos inter

---

vom 35sten Breitengrade an nördlich) haben ein ausgezeichnet continentales Klima, wenn man diesen Ausdruck im Gegensatz zu dem des Insel- und Westküsten-Klimas anwendet; sie haben wegen ihrer Gestalt und Weltstellung im Verhältniss zu den West- und Südwest-Winden ein excessives Klima, dem der Vereinigten Staaten von Amerika analog; das heisst, dass sehr heisse Sommer äusserst strengen Wintern folgen. Nirgends, nicht einmal in Italien und den Kanarischen Inseln, habe ich schönere Weintrauben gesehen, als in Astrachan, an der Küste des Caspischen Meeres, und gleichwohl sieht man oft in eben dieser Gegend und weiter südlich in Kislar, an der Terek-Mündung (unter der Breite von Avignon und Rimini), das hunderttheilige Thermometer im Winter auf 28° bis 30° unter den Nullpunkt sinken. In Astrachan wo während der heisseren Sommer, als in der Provence und der Lombardei, die Kraft der Vegetation durch künstliche Bewässerung des salzhaltigen Bodens erregt wird, muss sogar die Rebe in bedeutende Tiefe vergraben werden. Eben diese so ungleiche Vertheilung der Jahreswärme in den verschiedenen Jahreszeiten ist es, welche die Kultur des Weinstockes oder, besser gesagt, die Erzeugung eines trinkbaren Weines, bisher in den Vereinigten Staaten Amerikas, im Norden des 40° der Breite, so sehr erschwert hat. Nach dem Systeme Europäischer Klimate bedarf es zur Erzeugung eines trinkbaren Weines im Grossen nicht allein einer mittleren Jahrestemperatur, die bis 8°,7 oder 9° steigt, sondern eines Winters, der nicht unter + 1°, und eines Sommers, der mindestens 18°,5 habe. Dieses feste Verhältniss der Wärmevertheilung bestimmt den Vegetationscyklus sowohl derjenigen Pflanzen, welche gewissermaassen in winterliche Lethargie verfallen und während dieser Zeit auf ihre Axe beschränkt leben, als auch diejenigen, welche, wie der Oelbaum des Winters die Blätter behalten. (v. Humboldt Fragm. Asiat. d. Ueb. Berl. 1832. pg. 153. 57.)

eosdem fere gradus parallelos interjectos comparandos eligas necesse est. Cujus rei exempla, cum physicorum industria de permultarum terrae regionum temperie annua media nuper edocti sumus[1]) ex omni fere zona peti posse credideris. Quoniam vero in terra calida differentia, ut quae ibi summa est, in locis maxime depressis et altissimis, luculentissima exstat, (ill. Humboldtii) de his observatis uti prae ceteris fas visum est. — Habetur in

Cumana cujus altit. nulla fere est		calor. ann. med.	+ 27°,5
Caracas	circa 3000	pedes aequat	+ 20°,5
Popayan . . .	— 6000	. . . . . .	+ 18°,0
Quito	— 9000	. . . . . .	+ 13°,5
Andium quibusdam regionibus	— 12,000	. . . . . .	+ 7°,5
Pinchincha altitudine	— 15,000	. . . . . .	— 1°,0

Constans ergo et conspicuum, quod cum altitudine crescente pari passu incedit caloris decrementum.

Gravioris quidquam habebis, in climatologia altitudinem ubique exactius respicere, quam medici saltem hucusque consueti sunt; quibus itaque minime alienum poterit videri, si conspectum partis altae et planae depressaeque totius terrarum orbis in hac tabula largimur. Tabulam mundi orographicam,

1) Die Uebersicht der bisher mitgetheilten zahlreichen, aus den verschiedensten Versuchen entnommenen Bestimmungen ergiebt augenfällig, dass die Frage über die Reihe, welche die Wärmeabnahme bei zunehmenden Höhen befolgt, schwerlich auf diesem Wege mit völliger Sicherheit bestimmt werden wird. Im Ganzen entscheiden indess die meisten dafür, dass die Höhen, welche gleichen Temperaturunterschieden zugehören, mit der Entfernung von der Erdoberfläche abnehmen; zur Bestimmung des eigentlichen, hierüber aufzustellenden Gesetzes sind aber noch weitere, unten folgende theoretische Untersuchungen erforderlich. Im Ganzen wird man sich indess wenig von der

quae singularum regionem faciem omniumque nexum repraesentaret, ut in qua plantarum, animalium, hominum et morborum distributio secundum altitudinem in orbe terrarum adumbrata atque comparata foret, conficere futuri est.

Wahrheit entfernen, wenn man mit gehöriger Rücksicht auf die bedingenden Umstände für die auf Bergen zu erreichenden Höhen eine arithmetische Reihe der Wärmeabnahme für gleiche Höhenunterschiede annimmt. Eine dieser Bestimmung genäherte, nämlich 100 Toisen oder 200 Met. für 1° C. passt wohl am besten für mittlere Breiten und mässige Erhebungen auf grossen Bergmassen, wenn man das Mittel zwischen Sommer- und Winterbeobachtungen verlangt, oder man müsste jene Grösse für den Winter rechnen, und de Saussure's Angabe gemäss für den Sommer 100 T. für 1° R., also 80 T. = 156 Met. auf 1° C. rechnen. Hiermit stimmt d'Aubuisson überein, welcher im Mittel 160 M. = 82,1 T. für 1° C. annimmt.

v. Zach [1]) folgert aus den beobachteten, und nach La Place's Methode berechneten, horizontalen Strahlenbrechungen für den Aequator nur 65 Tois., für unsere Breiten aber 89 T. Höhe auf 1° C. Temperaturdifferenz.

Wäre es möglich, ein genähertes Mittel aus den Beobachtungen zu erhalten, so würde folgen, dass die Wärme vom Aequator an gerechnet nach den Polen hin auf gleiche Weise abnehmen muss, als wenn man sich unter dem Aequator befindlich zu einer angemessenen lothrechten Höhe erhebt, und man kann also von dort aus durch ein solches Aufsteigen zu allen Temperaturen gelangen, welche die Erdoberfläche dardarbietet. D'Aubuisson [2]) nimmt als Mittel aus den verschiedenen Beobachtungen an, dass eine Erhebung von 100 Metern mit einer Vermehrung der Breite von einem Grade rücksichtlich der Temperaturverminderung correspondirt, wobei sich von selbst versteht, dass nur von einer genäherten Bestimmung die Rede sei. Abgesehen von dieser Ungewissheit hat v. Humboldt [3]) seine oben erwähnte graphische Darstellung der isothermischen Linien sehr sinnreich mit einer ähnlichen verbunden, welche die Abnahme der Wärme bei zunehmender Höhe versinnlicht. (Gehler's Phys. Wörterb. III. 1018: Erde.)

---

[1]) Mon. Cor. XXI. 113.
[2]) Traité de Geog. I. 432.
[3]) Mém. de la Soc. d'Arcueil T. II. Ann. Ch. P. T. V.

Conspectus terrarum

[cfdi. sunt viror. ill. C. Ritter[1]), Schouw, Malte-Brun

Orbis veteris et novi.	Terrae montanae et altae.	Ratio sing. terr. altar. Mil. □.	Superficies tota comparata. Mil. □.
I. *Africae.*	Africa alta in specie . . .	293,000	altum:
	Sudan altum	41,000	357,000
	Berberiae pars alta . . .	21,000	
	Planum altum Barka . . .	2,000	
II. *Asiae.*	Asiae altae pars orientalis. . .	266,400	
	— — — occidentalis. .	73,600	
	Sinae Indiaeque montium juga	33,000	
	Siberiae orientalis montes . .	37,000	525,500
	Planum montanum (et descensus ad maris oram) Decan . .	50,000	
	Plan. mont. Giazirah . . .	48,000	
	— — Soristan . . .	3,500	
	Ural	14,000	
III. *Europae.*	Alpes	4,500	
	Zona jugi montium occidentalis .	4,500 4,600	
	Germaniae planities montana .	3,800	46,000
	Graeciae (peninsulae) montes .	6,300	
	Italiae montes (Apennini) . .	2,800	
	Terra alta Castiliensis . . .	10,000	
	Scandinaviae montes . . .	9,500	
IV. *Americae.* *a*) meridionalis.	Cordilleras de los Andes . .	33,100	
	Montes orae prope Venezuelam .	1,090	
	Montes nivosi de Sta Marta . .	110	64,300
	Sierra Parime (Guyana alta) .	14,500	
	Brasiliae pars alta	15,500	
b) septentrionalis.	Andium: plan. mont. Anahuac, Louisiana alta Alpesque orae maritimae et occid. spect. . . .	167,000	175,000
	Systema mont. Alleghani . .	8,000	

1) Ueber geographische Stellung und horizontale Ausbreitung der Erdtheile etc.
2) Lehrbuch der Erdbeschreibung etc.

secundum altitudinem.

et Berghaus [2]) tractatus hanc rem spectantes.]

Superficies tota comparata. Mil. □.	Ratio sing. terr. plan. Mil. □.	Terrae planae ac depressae.	Ergo ratio inter alt. et planum circa.
planum	40,000	Sudan planum.	
177,200	20,000	Nili declivitas {Nubia 14600 . .	
	110,000	{Aegypt. 5400 . .	
	7,200	Saharae desertum.	
		Orae maritimae quae ex Africa alta et Sudan alto descendunt.	2 : 1
	5,000	Mesopotamia.	
	8,700	Syriae Arabiaeque desertum.	
	20,800	Regionis Hind et Sind declivitas.	
284,500	10,000	Sinae reg. depressa.	
	186,300	Siberia.	
	53,700	Turan.	$1\frac{4}{5}$: 1
	100,000	Planities Sarmatica (Russiae).	
	7,400	— Germanica.	
	1,800	— Hungaria.	
114,000	1,400	Regiones Vallachiae depressae.	
	600	— Lombardiae —	
	2,100	Orae maritimae Galliae altae.	
	700	— — Peninsulae mediterraneae.	1 : $2\frac{1}{2}$
	16,200	Llanos torrentis Orinoco.	
	146,400	Selvas et planum torrentis Marañon (Amazonenstrom).	
256,700	76,000	Pampas fl. Rio de la Plata et Patagoniae.	
	6,800	Regiones depressae intra juga orientalia Cordiller: Cundinamarcae et Choco.	
	11,300	Orae maritimae Oceani pacifici.	1 : 4
	100,000	Savannae paludum Canadensium et torr. Lorenzo.	
167,000	52,000	Savannae regionum in quibus Missisippi decurrit.	
	9,700	Orae maris quae ad ocean. Atlant. e jug. Alleghano mont. descendunt.	$1\frac{1}{20}$: 1
		Ratio itaque terrae partem altam inter et depressam = ...	$6\frac{5}{6}$: $9\frac{3}{6}$
		Vel si mavis ut	2 : 3

in „Abhandl. d. Königl. Academie d. Wiss. z. Berlin 1829. 30.

Jam quomodo per **altitudinem supra** maris **superficiem exsurgentem montesque** vicinos clima modificetur, jure quaerendum est. Cum absoluta loci cuiusdam altitudine et temperies et densitas aëris decrescit: quae causae aëra quem dicunt acrem, qui animantium plantarumque vitae non conducit, proferunt; quia altera ex parte siccitas et tenuitas evaporationem aëris valde adiuvet, altera autem solis radii per crassiorem aëris regionem penetrare non valentes ideoque infracti, calorem maiorem procreent, quem, quod nocte statim sequitur frigus nimis vehemens, damniferum in modum reprimit, venti denique obstaculis non impediti adaugent. — Inter summorum montium cacumina praeterquam nivis atque glaciei massae perpetuae [1]) cum iaceant,

---

[1]) De fine nivis aeternae — „vitaeque — organicae."

(Sec. cl. Muncke l. l. III. pg. 1020.)

Indem die Wärme mit den Höhen abnimmt, so muss es nothwendig eine Grenze in der Atmosphäre geben, wo die mittlere Temperatur = 0 ist, und wenn man dann ferner annimmt, dass über diese Grenze hinaus die Menge des Winterschnees im Sommer nicht zu schmelzen vermöchte, insbesondere weil bei den mit der Höhe, abnehmenden Differenzen der täglichen und jährlichen Temperatur die Veränderungen dort sich nicht weit vom Gefrierpuncte entfernen würden, so muss es in einer gewissen Entfernung über der Erde eine Grenzfläche geben, wo beständiger Schnee anzutreffen ist, und diese nennt man die Schneegrenze. Es ist ferner an sich klar, dass die von v. Humboldt angegebene äusserste isothermische Linie, welche der mittleren Temperatur von 0° zugehört, unter der angegebenen Voraussetzung diese Grenze bezeichnen muss, und wird dann ferner angenommen, dass die mittlere Temperatur unter denselben Graden der Breite und das Gesetz der mit der Erhebung über die Erdoberfläche abnehmenden Wärme überall gleich sei, so würde die elliptisch gekrümmte Grenzfläche des ewigen Schnees die Erde so umgeben, dass sie unter dem Aequator in einer Höhe etwa von 5200 Meter anfangend sich nach den Polen zu herabsenkte, und in 50° der nördlichen und südlichen Breite in den Erdkörper einschnitte [1]).

---

[1]) **Kirwan's** unzulässige Annahme in: On the Variations of the Atmosphere. Dublin 1801. Ch. III. Sect. I. mag hier nur historisch erwähnt werden. Er setzt die Schneegrenze unter dem

ibi frigidioris naturae, quam quae in aequali supra planos campos altitudine sentitur, experieris tempe-

---

Allein es geht schon aus den vorigen Betrachtungen genugsam hervor, dass hierbei verschiedene Voraussetzungen angenommen sind, welche in der Wirklichkeit nicht statt finden, und der Verfolg der Untersuchungen wird ergeben, dass ein festes Gesetz für die Höhe der Schneegrenze wegen vielfacher örtlicher Einflüsse nicht aufzufinden ist.

1. Die Schneegrenze liegt nicht in derjenigen Höhe, deren mittlere Temperatur = 0 ist, sondern meistens höher, und zwar um so viel mehr, je weiter man nach den Polen kommt.

— — — — — — — —

2. Diejenige Temperatur, welche man in England, Norwegen und überhaupt in denjenigen nördlichen Gegenden beobachtet hat, welche unter und in der Nähe der Meridiane von Paris und Berlin liegen, können keine Regel bilden, sondern müssen als Ausnahme gelten; man kann darauf kein allgemeines Gesetz gründen. Es ist daher nicht genau richtig, wenn Bedemar [1]) meint, die Schneegrenze weiche um so vielmehr von ihrer Normalhöhe ab, je weiter man sich nach Norden entferne, denn die Beobachtungen in der Hudson's-Bay, auf Melville Island, am Ausflusse des Mac-Kenzie Flusses u. s. w. stimmen mit der Regel recht gut überein, nur die in Norwegen, auf Island und Spitzbergen nicht, welche aber als Ausnahmen gelten müssen.

3. Oertliche Einflüsse, insbesondere sehr grosse Bergmassen, ausgedehnte und hohe Bergebenen u. s. w. bedingen die Höhe der Schneegrenze und rücken dieselbe weiter hinauf. Hieraus erklärt sich, warum dieselbe auf den Himlaya-Gebirgen und dem Kaukasus höher liegt, als unter gleichen Parallelen. Ob auch die Hochebenen Asiens und die Wüsten Africa's einen ähnlichen Einfluss äussern, wie mindestens rücksichtlich der ersteren höchst wahrscheinlich ist, lässt sich aus Mangel an Beobachtungen nicht mit Sicherheit angeben.

4. Die Beobachtungen der verschiedenen Höhen, wo man die Schneegrenze wirklich angetroffen hat, sind mit einer selte-

---

Aequator in 28000 engl. F., unter dem Pole in 3432 F., und bestimmt sie hiernach für alle Grade. Dividirt man die jedesmalige Höhe der Schneegrenze durch 100, so erhält man die Zahl der Schichten, deren Temperatur und Temperaturunterschiede leicht zu finden sind, da die Temperatur der Schneegrenze der Eispunct sein soll. Indess soll dieses bloss für den Sommer gelten, indem im Winter wärmere Luftschichten vom Aequator nach den Polen strömen. In wie fern das Ganze unhaltbar sei, ergiebt sich aus dem im Texte Gesagten.

[1]) Reisen I. 242.

riem: frigida igitur, ut ita dicam aëris strata exinde in campos inflectuntur, quorum clima, ventis quo-

---

nen Vollständigkeit zusammengestellt durch Hällström [1]), weswegen ich diese hier mit den daselbst angegebenen Quellen mittheile. Man wird indess bald inne, dass nach seiner Darstellung die Linien der Schneegrenze von America's und von Asien's hohen Gebirgsmassen ausgehend sich in der Hauptsache über den Schweizeralpen vereinigen, und dann über Norwegen hinlaufen, also gerade durch diejenigen nördlichen Gegenden wo die isothermischen Linien am höchsten sind [2]).

Oerter	Breiten	Höhen in F.	Beobachter
Cotopaxi *	von 1° 28′ S. bis 0° B.	15228	v. Humboldt [3])
Antisana *		14958	
Chimborazo *		14826	
Rucu-Pichincha *		14760	
Nevado del Corazon *		14748	
Pichincha	0° 10′ s	14700	Condamine [4])
Pichincha	0 0	14604	Bouguer [5])
Quito	0 0	14760	v. Humboldt [6])
Popayan	0 3 n	14580	— [7])
Mexico	19 0	14100	— [8])
Nevado Toluce	19 12	13776	— [9])
Mexico —	20 0	14166	— [10])
Mexico —	20 0	14100	— [11])
Himlaya *	30 0	11400	— [12])
Himlaya *	31 0	15660	
Atlas *	31 0	11550	Ali-Bey [13])

---

1) De Termino atmosphaerae terrestris nivali. Praes. Hällström, auct. Alcenius. Aboae 1823. 4.

2) Die Sternchen bei einigen Angaben beziehen sich auf eine unten folgende Bestimmung.

3) Ann. Ch. P. XIV. 1.

4) Journ. d'un Voy. à l'Équateur. Par. 1751. p. 48.

5) Figure de la Terre Par. 1749, in der beigefügten Voy. au Perou p. 49.

6) Essay sur la Géographie des Plantes. Par. 1807. p. 132.

7) Atlas géographique et phys. des Regions équinox. Paris 1814. Tab. 6.

8) Essay polit. sur le Royaume de la Nouv. Esp. Par. 1811. p. 45.

9) Recueil d'Observations astron. cet. Par. 1810. p. 329.

10) Essay sur la Géog. d. Plant. p. 133.

11) Prolegomena de distribut. geogr. Plantarum. p. 139. G. XXV. 320.

12) Ann. Ch. P. XIV. 1. Nur genäherte Angaben.

13) G. Borg, Praes. Hällström de Term. atm. Terrae niv. Aboae 1823.

que frigefactis, apertum in modum modificent, necesse est.

Oerter	Breiten	Höhen	Beobachter
Libanon *	33° 40′	9102	Wahlenberg [1]
Aetna *	37 33	9900	Saussüre [2]
Pic du Midi *	42 0	9036	Ramond [3]
Canigou	42 31	8718	Saussüre [4]
Pyrenaeen	42 45	8400	v. Humboldt [5]
Pic Long *		8700	Ramond [6]
Neuvielle *	43 0	8250	— [7]
Elbrus	43 0	9882	Parrot [8]
Mont Perdu	43 0	8100	Wahlenberg [9]
Pyrenaeen *	45 0	7692	v. Humboldt [10]
Alpen	45 30	8520	L. v. Buch [11]
Alpen	45 30	8100	Saussüre [12]
Alpen *	46 0	8220	v. Humboldt [13]
Alpen	46 0	8220	Wahlenberg [14]
Carpathen	49 0	7998	— [15]
Carpathen *	49 10	7980	v. Humboldt [16]
Norwegen	60 0	4800	L. v. Buch [17]
Suletind	61 0	5220	
Snöhätta	62 0	5600	Wahlenberg [18]
Norwegen	62 0	5400	L. v. Buch [19]
Eliasberg. Amer.	62 0	4600	Wahlenberg [20]

1) G. Borg. Praes. Hällström de Term. atm. Terrae niv. Aboae 1823.
2) Voy. IV. 152.
3) Ann. Ch. P. II. 192.
4) Voy. IV. 150.
5) Proleg. de dist. geog. Plant. 122.
6) Ann. Ch. P. a. a. O.
7) Ebend.
8) Physik d. Erde. S. 174.
9) Bericht über Messungen und Beobachtungen zur Bestimmung der Höhe und Temperatur der Lappländischen Alpen, übersetzt von Hausmann. Gött. 1812. S. 59.
10) Prolegom. a. a. O.
11) G. XI. 48.
12) Voy. IV. 154. Bei einzelnen Bergspitzen giebt er 1400 Tois. bei grossen Bergmassen 1300 T. an, wovon 1350 T. = 8100 F. das Mittel ist.
13) Ann. Ch. P. XIV. 1.
14) De vegetat. Helvet. XLIV.
15) Flora Carpath. Gott. 1814. p. LXXIII.
16) Ann. Ch. Ph. XIV. 1.
17) G. XI. 11.
18) Bericht üb. Mess. S. 58.
19) G. LV. 319. LXI. 373.
20) Bericht S. 57.

Sed haec de physicali altitudinis momento.

Oerter	Breiten	Höhen	Beobachter
Svuckustöt. Norw.	62° 12′	5250	Hisinger [1])
Norwegen	62 30	4860	L. v. Buch [2])
Syltopp	63 0	4950	Hisinger [3])
Areskuta.	63 26	4740	
—	—	4440	Hartmann [4])
Island	65 0	2896	Olafsen [5])
Schweden	66 30	4014	L. v. Buch [6])
Sulitelma	67 5	3100	Wahlenberg [7])
Valli. Schwed.	67 6	4100	
Talpa jegna. Norw	67 20	3000	
Alten	70 0	3300	L. v. Buch [8])
Hammerfest	70 38	2502	
Nordcap	71 0	2202	

— — — — — — — —

Je näher v. Humboldt die Temperatur auf jenen hohen Bergen betrachtete, um so auffallender fand er den Unterschied von der gewöhnlichen Regel. Webb hielt sich vierzehn Tage auf dem Passe des Niti auf, wohin er sich von Kedarnath aus begeben hatte. Die Höhe desselben, barometrisch nach La Place's Formel gemessen, beträgt 15630 F. In dieser ungeheuern Höhe, worin die Erde unter dem Aequator selbst mit ewigem Schnee bedeckt ist, fand er unter 31° N. B. keine Spur desselben, und sogar die 300 F. über den Pass hervorragenden Spitzen frei davon. An der Nordseite des Passes, 14004 F. hoch, auf den Abhängen von Sutledge, fand er Pappeln und Tamarisken 8 F. hoch, Weideplätze und Kornbau. Zu bewundern ist, wie das Korn dort reift, da nach Moorcraft der Sommer erst in der Mitte Juni anfängt und Mitte August's endigt, denn den 28sten Aug. bei — 1°,7 gefror Eis zu 2 Z. dick [1]). Dass grosse Gebirgsebenen die Temperatur

[1]) Anteckningar i Physik och Geognosie under resor i Sverige och Norrige. Ups. 1819. St. 1. S. 21. St. 2. S. 45.

[2]) G. XI. 43.

[3]) a. a. O.

[4]) Wetenskaps Academiens Handlingar. Stockh. 1814. S. 107. 1818. S. 131.

[5]) G. XI. 37. XXIV. 319.

[6]) Ebend.

[7]) Bericht u. s. w. S. 26, 36, 48.

[8]) G. XI. 27, 32.

[9]) Ann. Chim. et Phys. XIV. 1.

[1]) Dass die ausserordentliche Kraft der Sonnenstrahlen auf hohen Bergen dieses schnelle Reifen der Früchte befördere, ist wohl nicht zu bezweifeln.

Physiologicum alio loco [1]) his verbis nuper adumbravimus: „At quidem et loci supra maris undas altitudinem, de qua aetherei quod spiramus fluidi diversitas potissimum pendet mortalitatis momentum sistere eo non inferius, quod ex anni tempore, locique natura ortum vidimus, varius variae regionis in eodem monte adspectus, a calce ad caput, vegetationis uberrimae sensim decrescentis, demum prorsus extinctae, faciem prae se ferens, (quam Aetna v. c. solemnem habet) circa plantas saltem manifestat. Quae vegetationis in eodem monte secundum elevationis gradum diversitas, altera quidem ex parte a varia temperie pendet. Quum enim inferiori montis parti solis radii reflexi accedant, vertex vero nive interdum obtegatur, non idem habebis, etsi ab aëre penitus discesseris, incrementum. Simile quid in animalibus conspicitur, in quibus nihilominus aëris diversi effectus magis elucescit. Montis incolas, et homines et animalia, ubicumque vivaciores nec adeo quadratos videmus.

In genere autem loca excelsa potius edunt

---

modificiren, ist bekannt, und im Allgemeinen erhöhen sie dieselbe, wie sich dieses in Huancavelica, Micuipampa, Quito, Caxamarca, Sta. Fe de Bogota und Mexico zeigt, wo es viel milder ist, als in gleicher Höhe an den Abhängen der Cordilleren. Da aber diese Wirkung in den Anden nicht mehr als 1°,5 bis 2°,3, hier aber sogleich mehr beträgt, so müssen durchaus besondere Ursachen diese ungewöhnliche Erscheinung herbeiführen. Der Unterschied ist nämlich so bedeutend, dass mindestens gerechnet die Schneegrenze 3300 F. höher liegt, als sie der Regel nach liegen müsste. Im Mittel sollte sie nämlich unter 30° N.B. 11500 F. hoch sein, statt dessen ist sie aber erst bei 15100 F., und im Sommer fand sich sogar in 15630 F. Höhe kein Schnee, vielmehr gehen Viehweiden und Kornbau bis 14000 F. hinauf, und Gerard fand die höchste Pflanze, eine geruchlose Art Salbei erst in 15952 F. Höhe [1]).

[1]) In diss. nostra: Elementa Thanatologiae pg. 19. sq.

---

[1]) Brewster's Journ. I. 45.

longaevos quam depressa, praesertim si non sint juga montium, sed terrae simpliciter altae [1]), qualis Arcadia eaque Aetoliae pars fuit, ubi longaevitatem veteribus jam solemnem scimus. At de montibus ipsis eadem foret ratio, propter aërem videlicet puriorem, nisi hoc labefactaretur per accidens non rarum, interventu sc. vaporum ex vallibus eo adscendentium. Cum Bacone cl. Zimmermann [2]) in hac re convenit. Itaque in montibus quos valles angusti et profundiores a se invicem separant, nivalibus potissimum, non reperitur notabilis quaedam vitae longitudo: non in Alpibus [3]), non in Apennino [4]), non in Pyrenaeis [5]), non in Andibus [6]), non in Werchoturis, non in Himelaya; at in montium jugis protensis, versus Aethiopiam [7]) et Abyssinos [8]), ubi propter arenas subjectas parum aut nihil incumbit in montes, et nostri aevi homines diutissime vivunt nec raro annum centesimum vigesimum implent.

Quidam vero montes singularem e longaevitate, quam adjuvare putantur, celebritatem nacti sunt. Caucasum v. c. Chardin [9]), Canigou (Hispaniae) et Aetnam Sauvages [10]), Pinchincham Hales [11]) et Condamine [12]), Piconem Teneriffae alii [13]) laudant. Neque breviter unice

1) Bacon l. l. p. 517.
2) Von der Erfahrung in der Arzneikunde. 2te Aufl. p. 353.
3) Ibidem.
4) Felix Stochetti de pressione aëris etc. p. 89.
5) Etsi insuper a Leonardo de Capoa della Moffete p. 69. aërem et altissimorum montium facile ferri neque suffocare adnotetur, ill. Humboldt tamen respirationem, quum Chimborazi caput attingeret, summopere gravatam expertus est.
6) Quia pluvia continuat. Zimmermann l. l.
7) Bruce in itinere ad indagandos Nili fontes aliique viatores, qui reconditas Nigeri radices quaesivere.
8) Bacon l. l.
9) Voyage de Paris a Ispahan T. II. p. 92.
10) Sauvages: classes morborum p. 212.
11) Hales on ventilators T. II. p. 154.
12) Condamine introduct. etc. p. 35.
13) v. c. Blanc: das Wissenswürdigste a. d. Natur u. Gesch. d. Erde u. ihrer Bewohner. Halle 1821—1825. Vol. IV. p. 539.

in altioribus quibusdam vivitur montibus; cujus rei testes sunt Gotthardi incolae et pastorum alpinorum filiae nec non anachoretae Hispanorum non pauci, qui tot decennia in montium sanctorum vertice degunt, quot septimanas cl. Bouguer et de la Condamine in Pinchinchae summo. Extrema et in hac re certare, Quitonenses, apud quos barometrum totius anni decursu ne ad sesqui lineas [1]) quidem differt et Londinenses, qui uno eodemque die persaepe summam gravitatis aëreae differentiam sustinent — utrique longaevi, nobis persuaserunt."

Neque possumus, quin quod ill. Virey de his, ubi climatis mentionem fecit tam ad physiologicam scilicet, quam ad pathologicam altitudinis conditionem spectans [2]) callide dixit, afferamus:

„Du reste, la santé des montagnards est pleine et entière; ils sont vivaces, s'ils échappent au danger des maladies aigues dans l'âge de la plus grande vigueur. C'est dans tous les lieux secs et élevés que se rencontre le plus grand nombre de centenaires: ainsi, les montagnes de Suède, de Norwège, de l'Irlande, des Orcades et Schettland, nourrissent un grand nombre de vieillards agiles. On remarque de même chez les habitans de l'Atlas, les moines des déserts de la Thébaïde, les Arabes, les Abyssins monticoles, beaucoup d'hommes secs parvenus à une longue vieillesse, quoique le climat soit chaud. Le Brésil, les îles montueuses de Bahama, la Barbade, etc., en présentent également; mais dans les climats très-froids, les montagnards vivent moins, selon Haller, parce que la vivacité de l'air affecte presque toujours leur poitrine. Enfin, les variations innombrables et subites des températures, dans tous les terrains inégaux, produisent de fréquens chan-

1) Zimmermann l. l. p. 354.
2) Diction. des sciences méd. Vol. V. pg. 330 — 360. ubi praestantes de climate notitias reperies.

gemens dans l'économie animale et beaucoup d'inconstance, d'originalité dans les esprits" et alio respectu:

„Chez les montagnards, les jambes et les parties inférieures du corps sont sèches, et leurs blessures se guérissent aisément; il n'en est pas de même des plaies de la tête, où affluent le sang et les humeurs: aussi cette partie est volumineuse, particulièrement chez les montagnards des pays du nord. C'est ainsi que des chapeaux dont le modèle était pris sur des têtes de Parisiens, se sont trouvés beaucoup trop étroits pour les Sauvages du Canada et des monts Alleghanis, aux Etats-Unis, selon M. Tenon. Cette grosseur de tête est fréquente parmi les hommes trapus, robustes, dont les formes sont mâles et fortement prononcées. Tels étaient les Scythes macrocéphales, selon Hippocrate (*de aër. loc. et aq.*, §. LXXXI); les Sigynes du Caucase, selon Strabon (*Géogr.* liv. XI); Pline, (liv. XI, c. 4), retrouvés dans les montagnards de la Crimée, par Pallas (*Voyez* tom. II, pag. 156, trad. fr.)." [??]

„Les habitans de ces sortes de territoires, vivant continuellement dans un air agité, vif, raréfié, au milieu de rochers ou d'un sol ingrat dont un travail opiniâtre arrache à peine quelques herbes sauvages, s'exerçant sans cesse à gravir et à descendre, acquièrent beaucoup d'agilité, de vigueur et d'industrie. Ainsi, lorsqu'on s'élève sur les montagnes, on respire un air plus pur, plus sec, moins dense; on se sent allégé; le pouls est plus rapide, la respiration plus fréquente; il survient souvent des hémorhagies du nez, des crachemens de sang, soit à cause de la moindre pression de l'atmosphère sur le corps, soit que la réaction des liquides sur les solides devienne plus forte. Aussi les affections de la poitrine, la phthisie, la toux, l'asthme, et celles du système circulatoire, sont extrêmement fréquentes dans ces lieux. Le sang artériel poussé jusque dans ses derniers rameaux, cause une teinte rouge vive à la peau, et une disposition inflammatoire habituelle. En même temps la sécheresse du sol rendant les fibres grêles, mobiles, tendues, affaissant beaucoup le tissu cellulaire, faisant rentrer le ventre, amincissant les mamelles, accourcit la taille, resserre les membres, forme des complexions plus compactes, plus strictes, et d'autant plus musculeuses, que la rudesse du terrain exige plus de travaux pour y subsister. Il s'ensuit un état nerveux, excitable, sensible, prompt; les sens sont vifs, l'esprit perçant, l'imagination inflammable; l'inquiétude, l'impatience du caractère, la disposition irasible, l'amour de la chasse, de la guerre, de l'indépendance se sont fait observer de tout temps chez les montagnards dans toutes les régions du globe."

Morbi peculiares montium incolas, quantum tenemus, non afficiunt. Nec ullum de hac re libellum evolvere nobis quidem contigit. Sed error non levis eos tenet medicos qui incolatum montanum aegrotantibus fere omnibus fautorem censent. Traditione longaevitatis montanorum, modo limitata, decepti quidam esse videntur. Etiamsi vero concedisses, sanis salvam evadere vitam in montibus, quod de regionibus modice altis iisque temperatis in genere tantum, pro certo habendum est, salutaris conspicuae altitudinis in omnes morbos effectus ex eo tamen non concedi posset, licet in nonnullos supra laudatos apertus sit. Multos enim morbos infra laudandos, altitudo exasperat.

At priusquam descendimus, uno quantum licet obtutu orbem totum contemplantes edocebimur, quod superficies terrae partis continentis et insularis ad superficiem aquarum (pg. 85.) si arithmetico modo reducitur, fere quemadmodum numeri 1:2 insulae vero ad continentia uti 1:3 se habeant.

Jamque terrae solidae partem altam et planam uti 2:3 se habuisse (e. pg. 73.) recordatus, simplicissimas rationes ac leges, — quales demum ubicunque in rerum natura detegere licebit — in his quoque observatas esse miraberis.

Orbem terrarum universum [1]) pelagicis et solidis massis ita constitutum conspicies, ut ex totius globi superficie:

Mappae geographicae.

[1]) Arrowsmith, an Atlas of modern Geography constructed from the latest observations and discoveries etc. London 1830. (opus splendidum nec tamen ab omni vitio evitando purum v. c. si Asiae montium tractus prosequaris.)

Atlas univers. de géogr. phys. polit. statist. etc. mineralog. p. van der Maelen 400 pl. Paris 1829.

Hand-Atlas über alle Theile der Erde v. A. Stieler, F. v. Stülpnagel, H. Berghaus und J. C. Baer nach neuem Plan. (3te Lief. Gotha 1833.)

Carl Ritter und F. A. O'Etzel, Karten und Pläne zur allgem. Erdkunde. Berlin. (seil. 1831. bei G. Reimer.)

Vocabularia et Ephemerides.

Dict. classique et univers. de Géographie moderne p. Langlois. Paris 1825. sq.

Dict. géogr. univ. p. Beudant, Billard, Douaix, Dubréna, Eyries, A. de Humboldt etc. Paris 1824. sq.

The Edinburgh gazetter or geographical dictionnary. 1817. sq. VI. vol.

Hertha von Berghaus und Hoffmann. Tub. 1825. Continuatur hac nova forma: Annalen der Erd-, Völker- und Staatenkunde. 8ter Jahrg. (Nr. 91 — 102. Vol. VII. VIII. Oct. 1832 — Sept. 1833.)

Journal des voyages decouvertes et navigations modernes.

Annales des voy. et des scienc. géograph. p. Eyries etc. II. Vol. Par. 1829.

Bibliothek d. neuesten Reisebeschreibungen. 1829. 49 Vol.

Neue allg. geogr. Ephemerid. 53 Vol.

Bibliothek der wichtigsten Reisebeschreibungen, herausgegeben von mehreren Gelehrten. Weimar 1833. Vol. 62.

Oken allgemeine Naturgeschichte. Tüb. Cotta. 1833.

Systemata et Compendia.

C. Ritter, die Erdkunde im Verhältnisse zur Natur und zur Gesch. d. Mensch. oder allgem. vergl. Geographie. Vol. I. Berl. 1817 ed. sec. Berl. 1822 (Africa) Vol. II. 1819 ed. sec. 1832. Norden und N.O. Vol. III. 1833. Nord Osten und Süden von Hoch-Asien. [Omnium facile princeps.]

Vollständiges Handb. d. neuesten Erdbeschreib. v. Gaspari, Hassel, Cannabich, Gutsmuths und Uckert. Weimar 1819 sq. 23 Vol. ed. sec. 1823.

Africae . . .	531638
Asiae	641093
Europae . . .	171834
Americae . . .	572110
Novae Hollandiae . .	143000
Insulis omnibus circa .	1000000
terris ergo	3059675
aquis vero	6200925

adnumerentur et superficies tota 9260500 mil. □. expleat [1]). — Diversissimum herbarum tegumen, in desertis tantum quibusdam locis deficiens, quod variis animalium speciebus generique humano vivendi locum praebet et alimenta ad vitam sustentandam

H. F. Link physical. Erdbeschreibung, 1826.
Sven Agren, Allgem. Lehrb. 1ste Abtheil. physische Erdbeschreibung. Berlin 1832.
Malte-Brun, Précis de la géographie universelle. Par. 1826.
Handbuch d. Geographie v. Dr. W. F. Volger. 3te Aufl., Hannover, 1833.
Systema geographiae secundum limites naturales: A. von Schlieben etc. 3. Thl.. Leipz. 1826.
[Laplace exposition du système du monde. 5me ed. Par. 1824.
Woodhuse, elementary treatise on Astronomie. Lond. 1823.
Littrows populäre Astronomie. Wien 1825. 2 Bd.]
Géograph. mathematique, physique et politique de toutes les empires du monde p. Malte-Brun.

Itineraria.

Recueil de Voyages et de memoîres publiés par la societé de geographie. T. I. Paris 1824. c. II. 1825. c. III. 1830.
El viagero universal ó noticia del mundo antiquo e nuovo obra compuesta en trances p. M. de Caportd con licencia en Madrid. T. 1—29. 1796—1800.
Revue de deux mondes, Journal des voyages de l'administration des meurs. etc. chez les differens peuples du globe. T. 1—5. Par. 1832.
Annales des voyages de la géographie et de l'histoire. publ. p. Maltebrun. a. Par. 1802—15. 75 Bd.
J. B. Eyries et Maltebrun. Nouvelles Annales des voyages. T. 1—52. Par. 1814—31.
J. C. Verneux, Journal des voyages déconvertes et navigations modernes. T. 1—44. Paris 1821—29.

[1]) cf. E. Bode Kenntniss etc. §. 58.

suppeditat, si contemplaris, pacificam hancce omnium faciem supremum tantummodo motus interni continui velamentum quasi, idque ratione e tabulis illis facile intelligenda, interioribus terrae partibus superimpositum esse, vix crederes. Quanquam enim varia coeli temperies longe praecipuum in his momentum habeat, singulari tamen locorum conditione quod de altitudine vidimus et de reliquis mox indicatur — adeo diversa tam vario et conspicuo modo modificatur, ut in omnibus fere terrae regionibus calidissimis et gelidissimis, altissimis et profundis terraeque intimis vitam continuari posse argumenta tibi offere possimus.

In tropicis enim et circa arcticos, supra montium cacumina, infra maris undas cum plantis animalia vivunt. Montes ignivomi in crateribus [1]) sub cinere fervido animalia [2]) plantasque condunt. Alta juga sub nivium tegumine plantas celant, et insulae quae ignis vi nuper emerserunt, vivorumque expertes habebantur v. c. Neo-Camene [3]), aves plantasque non hodie spernunt.

Exempla vitae organicae in regionibus et locis:

a) in altissimis.

Ill. de Humboldt et Bonpland, quum cacumen montis Chimborazo quominus ascenderent, faucibus hiantibus impedirentur, vulturem gryphum tam alte volantem viderunt, ut conspici vix e loco adeo elato posset et fere 24000 pedes supra maris undas aetherem spirare videretur. Dudum scimus, quasdam plantas (de Luc), sicuti Silene acaulis, Verrucaria sulphurea, singulaeque animantes v. c.

---

[1]) Ollivier, Reisen durch das Türkische Reich, Egypten und Persien, übers. v. Sprengel. Th. I. p. 482.

[2]) Comes de Manili intra lavam ferventem ostii Vesuviani lacertam Salamandram (les trois doigts) miratus vidit. cf. de La Capede hist. nat. des quadr. ovip. T. I. p. 496.

[3]) Insula Archipelagi Graeci annis 1707—11 supra maris superficiem elata, basalti columnis rigens.

papiliones (Saussure), quandoque montium capita assurgere.

b) in profundis.

In maris alto ubicunque viventia etsi non eadem, quae in profundo aquarum Indiae occidentalis propter limpiditatem arenamque albam substratam perspicuarum, conspicere contigit [1]), similia tamen reperies. Nonne liceret floram faunamque submarinam (subterraneam ill. Humboldt debes) indicam saltem conflare, si tot Gorgonias (antipathes, flabellum, Alyconias exos) quae animantium vestigia interdum vix tangunt [2]), Echinos (esculentus, cidaris, orbiculus), Asterias (rubens, glacialis, ophiura, caput Medusae) aliasque considerares?

c) in intimis terrae.

Admiramur bufones ranasque, quas Gerhard [3]), Graeberg [4]), Malpas [5]) ctq. in lapidibus, Whiston [6]) in marmore, Hubert [7]) in medio Ulmo, aliique in Robore ilice [8]) ctr. [9]) viderunt. Admiramur vir. pcl. Treviranus et Burdach [10]) de istorum genesi conjecturas ingeniosas. Sed ad hunc locum magis pertinere videntur, quae ill. Humboldt [11]) ac dudum Pallas [12]) in antris remotis, imo quae aditum tot saeculis recusa-

---

1) Schoepfs Reisen d. d. verein. Nordamerik. Staaten. Th. II, 450.
2) Gravenhorst. Oken, Isis. 1823. VII. 725.
3) Gerhard, in Nouv. Mém. de l'Acad. des sc. de Prusse, 1782, p. 13.
4) Abhandl. d. Schwed. Acad. 1741, p. 285.
5) Malpas, in Hamb. Magaz. B. XVII, St. 5. p. 554.
6) Whiston in Hamb. Magaz. B. XVII, St. 5, p. 552.
7) Hubert, in hist. de l'Acad. des sc. de Paris 1719.
8) ibidem 1731.
9) Haller, Elem. Physiol. T. III. L. VIII, S. 4. p. 319. Voigts Magaz. f. d. Neueste aus d. Physik etc. Bd. XI, St. 1, p. 133.
10) Burdach, die Physiol. als Erfahrungswissenschaft, B. II, p. 16.
11) v. Humboldt, über die unterirrdischen Gasarten, p. 36.
12) Pallas, Reise durch versch. Prov. d. russ. Reichs, Th. I, p. 57.

verant, detegerunt. Inferioris notae quidem plantae — Lichen tophicola Humb., Byssus evanida B., floccosa B., nivea Dillen., Mucor decumanus Pall. — sed, quod stupuimus et Vespertiliones quaedam omnium fere, quae nutrimentum praebere possent, expertes ibidem degebant.

d) in calidissimis.

Forsterus [1]) in monte ignivomo insulae Tanna plantas, solo calente (210° F.), inflorentes vidit. Marchantia et Lycopodium in limo radicant, quem fontes calidissimi (212° F.) insulae Amsterdam vehunt [2]). Similem temperiem confervas ferre, dudum Forskål [3]), Thunberg [4]), Barrow [5]) et Vandelli [6]) docuerunt. Conchylia v. c. Turbo thermalis [7]) et pisces, quos Sonnerat in thermis Manillae (140—180° F.) salvos vidit, plantis hac de parte vix cedere videntur. Nonne cl. Hasselquist [8]) in desertis calidissimis, in quibus vix Chondrilla juncea germinat, Lacertam, nonne Myrmelontem formicarium frequentissimum vidit?

e) in gelidissimis.

In regionibus inter cognitas polo antarctico proximis, quarum plaga immensa glacialis ne audacissimum quidem Cookium admiserat, non plantae tantum binae — Dactylis cespitosa et Ancistrum decumbens

---

1) Forsters, Reise um die Welt. Th. II. p. 235—259.

2) Stauntons Betrachtung der Gesandschaftsreise des Grafen Macartney nach China.

Voigt, Magaz. für den neusten Zustand der Naturkunde, B. I, St. 2, pag. 22.

3) Forskål, Flora Aegypt. arab. p. 189.

4) Thunberg, in Neue Abhandlung der Schwed. Acad. 1781. Bd. 2. p. 81.

5) Barrow, Reisen in das Innere von Süd-Africa. p. 93.

6) Vandelli (ulvam labyrinthiformem) Them. 120. T. 2.

7) Turbo thermalis Olivi Zoologia adriatica. P. I. p. 172.

8) Hasselquist, Reise nach Palästina. p. 87. 110.

Forsteri [1]), sed etiam animalia, Aptenodytes patagonicae [2]) degunt.

Etsi longe propius ad arcticum polum accessisse contigerit, plures tamen ibidem, quam multo longius ab australi polo remoti, plantas conspexerunt. Quae undae insulam Spitzbergen humectant, Ulvam latissimam saepe ejiciunt. Habentur in ista gelidissima terrae regione: Fucus vesiculosus, Saxifraga oppositifolia et cespitosa, Cochlearia Groenlandica et alia. Quid de Anatis mollissimae gregibus, quorum ova toties frigore enecantur, quid de hominum vestigiis dicam? quum Martinus [3]), Hearne, Mackenzie aliique nobis dudum talia tradiderint.

Coeli temperies [4]).

In diiudicando singularum regionum temperie, caloris vel frigoris, humiditatis vel siccitatis, vento-

---

1) Forster's Bemerkungen auf einer Reise um die Welt. p. 146.

2) J. R. Forster, hist. aptenodytae in Com. soc. Sc. Gott. 1780. Vol. III. p. 121 sqq. — cf. Reise um die Welt, B. I. p. 410.

3) Martin cf. Abhandl. d. Schwed. Acad. 1758, Vol. XX, p. 292.

Res literaria de aëre:

4) De Luc, recherches sur les modif. de l'atmosph. à Génève, 1772. 2 Vol.

De l'influence des agens physiques sur la vie. Par W. F. Edwards. à Paris, 1824.

A. v. Humboldt, über die Hauptursachen der Temperatur-Verschiedenheit auf dem Erdkörper. In d. Abh. d. Acad. d. Wiss. z. Berlin f. d. Jahr 1827. (In lucem prodiit 1830.)

Schouw, Beiträge zur vergleich. Klimatologie. 1. Hft. 1827.

A. v. Humboldt, über die Vertheilung der Wärme auf der Erde in d. Mém. de la societé d'Arcueil. T. III. p. 529.

— über die Isothermen ibd. p. 583.

Kuppfer, üb. d. Isogeothermen in Poggendorfs. Annalen der Physik und Chemie für 1829. St. 2.

Frurier (festgewordene Atmosphäre). Ann. de Chim. T. 32. p. 155.

Prof. August, über den Fortschritt der Hygrometrie in der neuern Zeit, eine Abhandl., vorgel. in d. Versamml. d. deutschen Naturf. z. Berlin. d. 28. Sept. 1828.

Artikel Atmosphaere Erde, Klima etc. in Gehlers physical. Wörterbuch. Leipzig, 1825—1833. (ed. nov.)

rum, paucis verbis, omnium momentorum meteorologicorum ratio habenda est. Geographi antiqui fri-

---

Biot, de l'atmosphère in: Traité de l'astronomie etc.
J. Leslig, Bericht von Versuchen über das Verhalten der Luft zur Wärme und Feuchtigkeit. A. d. Engl. von H. W. Brandes. Mit Kupfert. Leipz. 1823.
Moreau de Jonnes, M. A., über die Veränderungen der Luft durch Ausrottung der Wälder aus dem Franz. von W. Wiedemann. Tübingen, 1827.
C. v. Schreibers, Beiträge über meteorische Massen mit 10 Steintaf. Wien, 1821.
G. Schuebler, Ueber den Einfluss des Mondes auf unsere Athmosphäre, mit 2 Kupf. Leipzig. 1830.
J. B. Wilbrand, Verhalten der Luft zur Organisation, Sonnen- und Mondstrahlen als Ursachen von Fiebern in Tropengegenden. Fror. Not. DCCXX. 256.
L. v. Buch, in d. Abh. d. Berl. Akad. d. Wiss. f. 1818—19. p. 187.
Forsters Versuch über die Veränderung des Windes.
Dove, Abhandlungen über die durch die Winde bedingten Modificationen der Luft in Poggendorfs Annalen. XV. 53.
Daniell, Meteorological essays 1827. p. 522. (notitiae insign. de climatum in plant. cult. momento).
Kaemtz Meteorologie.
Berghaus, Annalen für Erd-, Völker- und Staatenkunde.
C. Hoffmann, Zeitsch. f. d. allg. Geogr. Breslau.
Bulletin universel d. sc. etc. de Ferussac, Sect. VI.: Géographie, Economie, Voyages.

Singula quaedam in:

Zimmermann von d. Erfahrung in der Arzneikunde.
Hasper, über den Einfluss d. tropischen Klimate auf europäische Krankheitsconstitutionen.
Franklins zweite Reise an die Küsten des nördlichen Polarmeers. (1829.)
J. Weddel, Reise in das südliche Polarmeer 1822—24 (usque ad gradum 74 lat. austr.) nebst einem Besuche d. Feuerlandes. Weimar 1827. (Vol. LXIV. d. Bibliothek d. neuesten und wichtigsten Reisebescheibung).
Dauberg, tabell. Uebers. d. vulkan. Erscheinungen etc. Weimar 1829.
Klaproth, tableau historique géographique ethnographique et politique du Caucase.
Vetter, meine Reise nach Grusien im J. 1827. Petersburg und Leipzig 1829.
Chateaubriand's Werke. Vol. 43—46, deutsche Ausgabe. Freib. 1828—29.
D. G. Boschi, Osservazioni interno alla proprietà dell' atmosfera Ligure. Genova 1791. 4.

gus et calorem quae a solis positione mutata pendent, solummodo considerantes, terrae superficiem secundum solis cursum in diversa climata (zonas) diviserunt, longissimum anni diem pro fundamento sub quovis latitudinis gradu ponentes. Cuius divisionis cardinem sub 16° latitud., ubi longissimus dies 13 horas explet, in urbe Meroe collocarunt.

Geographi recentiores ab aequatore usque ad polum 30 climata statuentes, hanc divisionem mutarunt: 24 scilicet, in quibus unusquisque dies horae dimidio crevit, ab aequatore incipientia usque ad circulum arcticum pergunt, ubi solstitio aestivo dies 24 horas explet; quae sequuntur 6 climata, quia in finibus eorum tempus, quo sol in conspectu manet, mense integro crevit, mensium climata vocantur.

Soli elevatio, magnorum montium tractus et venti continuo flantes in temperiem loci cuiusdam maiorem quam eiusdem ab aequatore remotio, vim exercent: in ipsa zona torrida scilicet, non mutata latitudine, diversam temperiem, (calidissimam et frigidissimam) a maris littoribus ad montium fastigium ascendens experieris.

In regionibus sub eodem gradu parallelo atque in eadem altitudine sitis, temperies annua interdum diversissima: in oris Americanarum rerum publicarum, Canadiae et al., hiems acrior et aestas calidior, quam in oppositis Europae oris. In urbe New-York, sub 41° latitud. ad mare sita, hiems acrior quam Parisiis, circiter 8° magis septentrionem versus sitis. Idem discrimen 2° inter Pekinens. et Parisinam temperiem observatum est. Nautae mare antarcticum magis quam arcticum glacie repletum in-

---

Tableau du climat et du sol des états-unis d'Amerique par Volney, 2 Vol. av. Cart. Paris 1803.

J. H. Hoffbauer, die Athmosphäre und deren Einfl. auf d. Organism. Leipz. 1826.

G. F. Wucherer, Sommertemperatur nach 20jährigen Beobachtungen, mit 4 Steintaf. 1824.

venerunt: Cook ultra 71° latitud. australis navigare ob glaciem non potuit, dum 80 gradus lat. borealis demum haud superanda ei objecerit impedimenta.

Hemisphaerium boreale, aëre magis temperato, quam australe frui ex his patet.

Quod vero attinet ad mediam temperiem, quum observationes in regionibus meridionalibus institutae adhuc desiderentur, tabulam locorum septemtrion. temperiem mediam anni, hiemis, atque aestatis praebentem dictis adjungamus (sec. Art. Temperature, in dict. des sc. nat. et opp. de climatologia in gen. laud.)

Nonnullorum hemisphaerii borealis locorum temperies media, hiberna aestivaque comparatae et sensim decrescentes.

Nomina locorum.	Altitudo in metr.	Latitudo.	Longitudo a Paris. occid. et orient. vers.	Temperies media.		
				anni.	hiemis.	aestatis.
Cumana		10° 27′	67° 35′ Oc.	27° 7	26° 8	28° 7
Havannah		23 10	84 1 Oc.	25 6	21 8	28 5
Vera Cruz		19 11	98 33 Oc.	25 4	22 2	27 5
Cairo (Káhira)		30 2	28 21 Or.	22 4	14 7	29 5
Algier		36 48	0 58 Or.	21 1	16 4	26 8
Funchal (ins. Madeira)		32 37	19 41 Oc.	20 3	18 0	22 5
Natchez (Louisiana)	58	31 28	93 16 Oc.	18 2	9 2	26 2
Nangasacki (Japan)		32 45	127 50 Or.	16 0	4 1	28 3
Roma		41 53	10 35 Or.	15 8	7 7	24 0
Montpellier		43 36	1 7 Or.	15 2	6 7	24 3
Marseille		43 17	3 32 Oc.	15 0	7 6	22 5
Bordeaux		44 50	2 2 Or.	13 6	5 6	21 6
Milano	128	45 28	6 54 Or.	13 2	2 4	22 8
Peking		39 54	114 51 Or.	12 7	3 1	28 1
Cincinnati (Amer. sept.)	164	39 6	85 7 Oc.	12 1	0 5	22 7
New-York		40 40	76 0 Oc.	12 1	1 2	26 2
Philadelphia		39 56	77 18 Oc.	11 9	0 1	23 3
Franecker		52 36	4 36 Or.	11 0	2 6	19 6
Brüssel		50 50	2 2 Or.	11 0	2 6	19 0
Amsterdam		52 22	2 2 Or.	10 9	2 7	18 8
Paris	65	48 50	0 30	10 6	3 7	18 1
Buda	154	47 29	16 0 Or.	10 6	0 6	21 4
Wien	156	48 12	14 42 Or.	10 3	0 4	20 7

Nomina locorum. Altitudo in Metr.		Latitudo.	Longitudo a Paris. occid. et orient. vers.	Temperies media. anni.	hiemis.	aestatis.
London		51° 30′	2° 25′ Oc.	10° 2	4° 2	17° 3
Cambridge (Americ. sept.)		42 25	73 23 Oc.	10 2	1 1	21 5
Mannheim	140	49 29	6 8 Or.	10 1	1 0	19 5
Clermont	411	45 46	0 45 Or.	10 0	1 4	18 0
Prag		50 5	12 4 Or.	9 7	0 3	20 5
Genf	369	46 12	3 48 Or.	9 7	1 5	18 3
Dublin		53 21	8 39 Oc.	9 5	4 0	15 3
Warsovia		52 14	18 42 Or.	9 2	1 8	20 6
Edinburg		55 57	5 30 Oc.	8 8	3 7	14 6
Zürich	437	47 22	6 12 Or.	8 8	1 3	17 8
Göttingen	134	51 32	7 33 Or.	8 3	0 9	18 2
Kendal		54 17	5 6 Oc.	7 9	2 7	13 8
Copenhagen		55 41	10 15 Or.	7 6	0 7	17 0
Conventus Peyssembergensis (Bavaria)	996	47 47	8 14 Or.	6 1	1 9	14 7
Christiania		59 55	8 28 Or.	6 0	1 8	17 0
Quebeck		46 47	73 30 Oc.	5 6	9 9	20 0
Upsala		59 51	15 18 Or.	5 6	3 9	15 7
Abo (Finnia)		60 27	19 58 Or.	4 6	6 2	16 6
Moskwa	300	55 45	35 12 Or.	4 6	11 8	19 5
Drontheim		63 24	8 2 Or.	4 4	4	16 3
Petersburg		59 56	27 59 Or.	3 8	8 3	16 7
Umea		63 50	17 56 Or.	0 7	10 6	12 7
Ulea		65 3	23 6 Or.	0 6	11 2	14 3
Nord-Cap		71 0	23 30 Or.	0 0	4 6	6 3
Hospitium St. Gothardi	2075	46 30	6 3 Or.	0 9	7 6	7 2
Enontekis	438	68 30	18 27 Or.	2 8	17 6	12 7
Nain (Labrador)		57 8	63 40 Oc.	3 1	18 0	9 1
Eyafiord (Island)		66 30	— —	0 6		
In mare gl. sub merid. Londinensito		76 45		7 5		
Loc. in mare glaciali diff.		78	— —	8 3		

Nunc quaerendum nobis, quis sit caloris et frigoris summus gradus, cui homines expositi sunt; deinde, num temporis decursu regiones diversae temperiem mutarint.

Ac primum de summo frigore.

Cel. Gmelin mense Decembri anni 1734 in Sibiriae urbe Yeniseisk sub $58\frac{1}{2}°$ lat. bor. sita, primus vidit mercurium gelascere, quod temperiem — 39°,5 indicat. Sed anno 1817 Parry, quum in insula Melville hibernaret, mercurium aëri expositum, per quinque menses continuos gelu coactum vidit: temperies igitur in tanti frigoris gradu persisterat. Audaciss. Franklin an. 1819 thermometr. usque ad — 50° descendisse observavit. Dictum est, istas regiones, nec avibus, nec quadrupedibus destitutas esse. Sed numerosi tribus, Eskimo dicti, haud aegram ibi degunt vitam, paucisque afficiuntur morbis.

Calor maximus, qui in umbra et procul ab unaquaque re, qua reverberari potuisset, observatus est, gradum 46^{mum} non facile superavit. Prae ceteris vero exasperat aestus hos locos, morborum imi ventri acutissimorum frequentia insignes:

Loci ubi thermometrum maximum calorem indicavit.

Nomina locorum: (cf. Art. Temperature l. l.)	Latitudo.	Calor maximus.
Madras . . .	13° 13′ N.	40°
Cairo . . .	30 2	50 2
Paramatta (Novae Holland.)	33 49 S.	41 1
Promont. Bonae Spei.	33 55	43 7
Manille . . .	14 36 N.	43 7
Pondichery . .	11 55	44 7
Bassora . . .	30 45	45

Efficaciae vero solis longum tempus in conspectu manentis, Petropolis sub 59° 56′ lat. bor. sita exemplum praebet, ubi mercurius aestate 30°,6 ascendit. Imo in Aegyptiaca urbe Philoe thermometrum 70^{mum} gradum ostendit.

Momentum denique quod in mutatam regionum temperiem, hominibus eorumque laboribus tribuendum sit, multis nimium aestimatur.

In quibusdam regionibus, si ab antiquis scriptoribus relata, cum iis quae nunc patimur conferamus, olim hiems vehementioris, quam nunc naturae fuisse videtur. Cel. Arago autem omnibus scriptorum notis, quae de vehementiori singulorum annorum frigore agunt, collectis, satis probavit, Provinciae quidem Gallicae temperiem eandem nunc esse, quae ante 1400 annos fuit. (cf. Annuaire de 1825. p. 157.)

De vi quam coeli temperies varia in calorem animantium et plantarum exercet.

1) Virtutem maiorem in commutandum animalium calorem temperies zonae diversae habet ac in plantarum. Parcum scilicet ex experimentis de plantarum cognoscenda temperie nuper institutis fructum capere contigit.

2) Conspicuo autem modo secundum classes animalium vis differt, quam coeli temperies in calorem singulorum habet.

3) Inferioris notae aimalcula, ut quae non tanta facultate calorem proprium procreandi praedita sunt, quanta aves et mammalia, in hac re magis a temperie medii pendent, cui insunt.

4) De humilioribus plantis ac potissimum de procumbentibus idem fortasse valet. Hypothetica tamen de his res nobis est, observatis non superstructa.

5) Maxima coeli temperiei in commutandum sanguinis calorem in avibus virtus observatur: duplici enim modo spirant. Illust. Davy in insula Zelonia columbae sanguinem, dum coeli temperies 25°,5 praebuit, 43°,1 C. caloris esse, observavit: in Britania vero, ubi thermometrum 15°,5 monstravit, calor sanguinis columbini 42°,1 C. aequavit. Idem de gallinae calore valet.

Alterum, quo magis haec res evincatur, proferamus exemplum: ill. Pallas in portu Bowen coeli temperie — 28°,3 gelasente, Tetraonis albi calorem 38°,9 C. aequantem offendit, dum Tetrao lagopes in temperie externa + 15°, plus quam 42°,22 C. sanguinis calorem ostendit.

6) In amphibiis conspicuum huius rei decrementum. J. Hunteri experimenta satis externae temperiei in moderandam internam momentum de-

monstrant. Memineris tamen viros praeclaros J. Davy et Czermack [1]) experimentis probasse, reptilia calorem proprium parandi facultate praedita esse. Testudo geometrica, quam Davy in promontorio Bonae Spei in temp. ext. 16° C. observavit, calorem 30°,5 C. eademque in Zelonia temp. ext. 26°,11 C., calorem 32°,78 C. habuit. Cavum peritonei Emydis Europeae, a sagacissimo Czermack aquae usque ad 41°,25 C. calefactae immersum, calorem 23°,75 C. et cavum peritonei Chersines Graecae, cuius calor temp. ext. — 3°,12 C. praebuit, calorem + 3°,75 C. assecutum est. Quibus etsi fere 4 gradus addas, (differt nimirum temperies interna utriusque animalis sub eadem coeli temperie 17°,81 — 13°,44 = 4°,37 C.,) vix 8° in Chersine proveniunt, quum in Emyde 23° essent.

7) Nec de piscibus haec negari possunt. J. Hunter temperiem normalem e 6°,57 ad 0°,56, excitato frigore externo, delabentem vidit et ad + 12°,78, assurgentem, cum aquae calefactae immissus esset piscis, e quibus ad calorem piscium in singulis oceani et aquarum partibus varia temperie instructis concludi potest.

8) Sed quod ad insecta attinet, illust. Réaumur in temp. ext. — 3°,33 in apium alvis calorem + 12° 78 non superantem reperiit, cum Maii diebus in eodem + 38°,89 fuisset.

9) Mollusca nunc consideramus: Bergerus [2]) calorem helicis pomatiae a temperie externa mirum in modum adeo mutari vidit, ut hieme thermometrum ei admotum in 2°,22, aestate in 18°,33 subsisteret. J. Davy contendit, Ostreae edulis calorem cum marino calore prorsus congruere. Elucet vero e dic-

---

1) Einige Beobachtungen über die Temperatur der Amphibien in A. Baumgaertners und v. Ettingshausens Zeitschrift f. Physik etc. 1821. vol.III. p.385. (sec. ill. Tiedemanni Phys. I.)

2) Mém. des Muséum d'hist. nat. 1828. Cah 9. p. 231.

tis, quantum temperies externa in organismum vivorum momentum exercet, et sententiam iisdem superstruere licet, in variis regionibus non externas tantum plantarum et animalium formas, sed humorum quoque calorem quadam ratione differe.

10) Sed quod physiologicam denique spectat quam in humanum genus coeli varia temperies habet, multifaria vis est et his notitiis vix indicari potest. *a)* Auctas conspicimus sub frigido coelo pulmonum renum et lacrymalium viarum secretiones. Aucta sub aestu calente inter tropicos, praeter transpirabilem materiam et bilem et glandis mucum auriumque cerumen [1]). *b)* Etsi vero in genere feminae inter tropicos fertilitate feminas temperatae frigidaeque zonae antecellant, id tamen constat, tam neonatos quam adultos sub temperato modiceque frigido coelo fortiores, circulumque sanguinis in iisdem rapidiorem esse. *c)* Inversa itaque ratione lucis et caloris momentum in diminuendam vis internae et augendam caloris externae intensitatem agere videtur; internam scilicet laxitatem externo tegumine splendidiore obvelasse natura omnibus aequa, videtur. Siquidem enim e polis ad aequatorialem plagam abis, colores ex albo vel nullo ad nigricantes et nitidissimas ascendunt. *d)* Id vero omnes commune habent, quod immodica frigore qualescunque quoad adipiscendum calorem et magnitudinem conspicue impediantur. Neque enim in his humanum genus plantas et animalia superat, neque in genere in perferenda cujuscunque coeli temperie humani corporis tanta virtus, quantam a natura hominibus largitam esse praedicantur. Homines scilicet victum et amictum accommodata sibi eligere sciunt. Simile quid natura animalibus dedit, quae arcticum

[1]) Monente Hasper, üb. die Natur und Behandlung der Krankheiten der Tropenländer. Leipzig 1831, Vol. I. pg. XXIV, in quo op. habetur res literaria locupletissima et al. plur.

hiememque versus pilosa tegumine densiore vestiuntur. *e)* Tantum vero concedimus humanum corpus non ut plantae et animalia tam brevi tempore, coelo mutato affici. Quippe quidem debilitantur si non pereunt, plantae bestiaeque, transplantatae faciemque externam cito commutant. *f)* Neque vero, quibus subiicitur, humanum corpus commutationes superficiem externam tantopere spectant, quam interna organa nobiliora, pulmones dicam et hepar. Aethiopissae enim apud nos non albescunt, sed pulmonum morbis inclinant. Europaei in tropicis non tam nigrescunt quam hepatis morbis afficiuntur. Degenerant veruntamen hominum varietates nativae sub aliena zona, id quod coeli momento potissimum, neque vero matrimonio cum indigena tribues, si animo perpendes, quod redeuntes in patriam varietatis nativae faciem sensim recuperant: quibus et callidissimae adnotationes doctoris a Savaresi arrident [1]. De qua re, dicam de facilitate, qua corpus humanum zonae alienae accommodatur, si forte hominum classes statuere velles, has proponerem:

1) Quo longius regionum tropicarum atque arcticarum incolae in temperatas zonas procedunt, eo difficilius coeli temperiei hisce terris propriae adsuescunt. —

Ast, notatu dignissima cum sint experimenta, quae de Europaeorum facultate quam libet coeli temperiem tolerandi instituta sunt, accuratius quoque haec sola recensentur.

2) Varietas Aethiopica ita constituta esse videtur ut in multas orbis terrarum regiones transplantari queat. Sine corporis damno Nigrita patriam cum India orientali vel occidentali commutat. Nec raro coeli temperiei, qualis in Gallia, Anglia et America septentrionali usque ad sinum Chesapeak

---

[1]) Atti della reale academia delle scienze di Napoli. T. I. pg. 243.

est, adsuescit. Quo acrius autem regionis cuiusdam clima, eo difficiliorem advena ibi deget vitam.

3) Quam facile genuinae varietatis Mongolicae patres, populi scil. ingentem Asiae interioris quadrigam montium incolentes, sub certa quadam latitudine clima quodlibet tolerant eidemque adsuescunt, damnosa eorum bella atque itinera, quibus non maris Chinensis tantummodo accolas, virtutis armorumque gloria terruere, sed et ultimas terrae occidentalis regiones expugnavere, satis superque docent: nam sub iis qui Timurem secuti sunt, ducibus, imperia eorundem inde a mare boreali usque ad Indicum fere omnes Asiae regiones tenebant. Nostris temporibus Chinenses, quum patria nimia hominum copia laboret, in insulam Zeloniam, Isle de France, Sanctae Helenae et promontorium Bonae Spei colonos deduxerunt. Num torridum Africanorum desertorum solum, vel humidum insularum Antillarum fervorem, Mongolicus Europaeo facilius tolerare possit, quum experimenta adhuc desiderentur, diiudicari nequit.

4) Americae indigena minori quoad hanc rem instructus videtur facilitate: Americanus a terris borealibus oriundus, statim a febre quam bilioso-nervosam dicunt correptus, infestissimo insularum Indiae occidentalis coelo conficitur: quem regio meridionalis peperit, is simulac Patagonorum agri fines transgredi conatur, acribus rheumatismis et pulmonum morbis cruciatur.

5) Malaica sub-varietas arctissimis terrarum finibus adscripta videtur, quum homines ad eandem pertinentes, etiamsi plures sacro impetu abrepti, numinis Madahewa templa, quae in nivosis montium Himalaja et Hemakuta regionibus sunt exstructa, saepe visitent, rarissime tamen extra quinquagesimum lat. sept. gradum vivere possint. Amoenum autem, quo urbos in prom. Bonae Spei sita atque insula Van Die-

mensland fruitur, coelum Malaicis magis conducere videtur.

6) Quoniam vero in singulos morbos coeli mutata temperies virtutem suam exercet, haec ubi de morbis sermo nobis erit ponderabitur. Praemonendum tamen in genere habemus, pathologicum climatis momentum in Europaeis [1]) potissimum respici, qui

---

[1]) Begeben sich Europäer nach den Tropengegenden, so wird, in Folge des vermehrten Verkohlungsprozesses im Blute, reichlichere Ausscheidung der Galle nothwendig gemacht, daher gesteigerte Thätigkeit, anhaltende Erregung des ganzen Pfortadersystems hervorgerufen. Leicht überschreitet diese Reizung ihre Gränzen, wenigstens dehnt sich dieselbe, wegen der Verwandtschaft der Functionen, bald über die gastrischen Organe überhaupt aus, deren Thätigkeit daher ebenfalls, nicht sowohl in der Richtung nach innen, als Productioskraft, sondern nach aussen, als secernirende, ausscheidende Function, sich beurkundet. In Folge dieser Umänderung entstehen: vermehrte, leicht profus werdende Ausscheidung der Galle, bisweilen gleichzeitig mit der vermehrten Absonderung eines zähen Speichels, Blähungsbeschwerden, hartnäckige Durchfälle oder Verstopfung mit Auftreibung des Unterleibes; wegen der oft und schnell erfolgenden Erregung und der ihr sich ausschliessenden, temporären Ueberreizung der splanchnischen Nerven wechselt eine, bisweilen unmässige Esslust (wahrer Heisshunger) mit gänzlichem Mangel an Appetit. Bald beginnt das Hautorgan, durch vicariirende Thätigkeit die unter ihrer Bürde fast unterliegenden gastrischen Organe zu unterstützen; daher jene reichlichen, starkriechenden Schweisse, welche sogar die Leibwäsche gelb färben, in anderen Fällen eine fettartige, schmierige, schwärzliche Materie auf der Oberfläche des Körpers ablagern. Nichts destoweniger klagt der Ankömmling über allgemeine, unangenehme Glut, welche besonders brennend in den Handflächen und am Plattfusse empfunden wird, über kurze und beschwerliche Respiration; dabei wird er fortwährend von Durst gepeinigt, fühlt sich nach jeder Bewegung erschöpft, möchte immer schlafen, obwohl rastlose Unruhe ihm nur selten erquickenden, anhaltenden Schlaf gestattet. Die Schwäche, die psychische und physische Abspannung nehmen bisweilen in sehr kurzer Zeit zu, es findet sich Neigung zu Ohnmachten ein, welche mit unerträglichen Kopfschmerzen, mit den Erscheinungen von bedeutender Congestion nach dem Kopfe abwechseln. Nach einigen Tagen oder Wochen kommt die Natur der Ausbildung einer ernstlicheren Krankheit dadurch zuvor, dass eines oder mehrere Secretionsorgane eigens modificirte Stoffe, oft in grosser Menge, aus dem Körper entfernen.

ad plagam aequatorialem iter fecerunt et in torrida zona commorati sunt. Qualia medici oculatissimi

Dieses geschieht entweder durch die Haut oder durch den Darmkanal. Im letzteren Falle beobachtet man fäculente, aber in hohem Grade durch Galle tingirte, wahrhaft atrabiläre Diarrhöeen; im ersten Falle kommen Hautausschläge mancherlei Art zum Vorschein, die man am häufigsten auf dem Gesicht, den Schenkeln und den Armen wahrnimmt. Gewöhnlich erscheinen dieselben unter der Form von harten, gerötheten, unregelmässig gestalteten Beulen, von der Grösse einer Erbse bis zu der eines Groschens, welche heftig jucken, nach einigen Tagen eine gelbliche, seröse Flüssigkeit ergiessen, welche einen Schorf bildet, der nach einigen Tagen abheilt. Während dieser Zeit kommen aber immer wieder neue Hautanschwellungen zum Vorschein; dieses kann Monate lang fortdauern, und unter ungünstigen Verhältnissen zu tieffressenden, bösartigen Geschwüren Veranlassung geben. Wenn endlich alle diese Beschwerden überstanden sind, so erhält die Haut einen leichten, gelben Teint, es erfolgen täglich ohne Beschwerde einige breiartige, dunkelgefärbte Darmausleerungen, und der Prozess der Acclimatisirung ist glücklich überstanden. — In schlimmeren Fällen entstehen hartnäckige, in manchen Fällen sehr bösartige Fieber von einem remittirenden, seltener intermittirenden Typus. Nach Bajon's Erfahrungen soll es für den Ankömmling immer weit vortheilhafter seyn, wenn derselbe bald nach seiner Ankunft von dem Fieber ergriffen wird, als wenn dieses später sich ausbildet; am schlimmsten sey es, wenn der anscheinend völlig gesund gebliebene Europäer erst nach einem Aufenthalte von zwei oder von mehreren Jahren vom Acclimatisationsfieber befallen werde. Delirien, soporöse Zufälle und anhaltendes, bisweilen sehr schmerzhaftes Erbrechen charakterisiren dieses Fieber, welches entweder als Gallenfieber verläuft, oder der Form des gelben Fiebers sich annähert. (Vergl. die Artikel.) — Die Bewohner des südlichen Europa acclimatisiren sich weit leichter in den Tropenländern, als die aus den nördlichen Gegenden dieses Erdtheils; Mässigkeit in jeder Beziehung, und strenge Diät sind die besten Bewahrungsmittel gegen die höheren Grade der Acclimatisationskrankheiten. Im Allgemeinen sind Männer denselben weit mehr unterworfen, als Weiber und Greise, wahrscheinlich deshalb, weil die feste Constitution der erstern am wenigsten leicht eine Umänderung in dem einmal gegebenen Verhältnisse der Organe zu einander gestattet. Sind Frauen bei ihrer Ankunft in den Tropengegenden schwanger, so werden sie, nach Moseley's Erfahrungen, in der Regel erst gegen die Zeit der Entbindung, und dann mit grosser Gefahr von den Acclimatisationskrankheiten befallen; nach Bajon erfolgt der Lochialfluss in weit geringerer Menge, was um so auffallender

Bajon, Moseley, Clark, Annesley aliique, suo loco exactius notandi, nobiscum communicaverunt.

Neque ii morbi, quibus tropicarum regionum incolae, si in temperatas frigidasque terras se conferunt, exponuntur nos penitus latent. Differunt tamen pro natura sua magisque pro gradu, prout e terris tropicis propius ad polos accesseris. Impedito transpirabilis istius materiae e cutaneo integumento egressu, cutis morbi non rari oriuntur. In diarrhoeam imo dysenteriam eadem de causa multi incidunt. Rheumatici vero morbi saepissime exoriuntur iique pulmones facillime afficiunt. Pneumonia scilicet regionum frigidiorum socia infausta. Nec rarae nascuntur febres intermittentes, prae ceteris si humidum ob gelidam coeli temperiem difflari nequit. E qua causa et scorbuti genesis quibusdam intelligi posse videtur.

Corpus humanum (ex divulgata opinione cui paululum indulgere placebit) caloris, lucis, electricitatis humidi et sicci quoscunque gradus facillime sustinet. Nec tamen aequo et eadem ratione complica-

---

wäre, da europäische Frauen in der Nähe der Linie immer stärker menstruirt werden, obwohl dieselben nicht selten aufhören fruchtbar zu seyn. — Im Allgemeinen verträgt der Europäer weit leichter, oft ohne eine Spur von Acclimatisationskrankheit, die Verpflanzung nach den Polarländern. Man gedenke nur der englischen Pelzjäger, welche in den ungeheuren Wildnissen vom Sklaven- bis zum Büffelsee im nördlichsten Amerika umherirren, und in der Regel einer eisernen Gesundheit sich erfreuen, oder der dänischen Missionäre, welche in Grönland bis zum 74° n. B. hinauf als Volkslehrer sich verbreitet haben. Die meisten Europäer sind jedoch im hohen Norden mit Verstopfung behaftet, und haben mit den höhern Graden des Scorbuts zu kämpfen, der aber, bei einiger Vorsicht, leicht vermieden werden kann. — Um sich eine klarere Einsicht in die Verhältnisse der Acclimatisirung zu erwerben, muss man die Verschiedenheit der Krankheiten nach den verschiedenen Klimaten kennen lernen. (Vergl. klimatische Krankheiten.) Nau — n. in: Encyclopaed. Woerterbuch der medic. Wissensch. her. v. Busch, v. Graefe, Hufeland, Link, Rudolphi Art. Acclimatisirung. — cui multa (p.99.) debemus.

tus ille climatum effectus ab omni parte percipitur. Tantum vero facile intelligitur temperatae zonae incolas, qui temporum anni vicissitudini consueverunt, loci habitationis mutationem facilius ferre. Arctici contra et tropici homines qui alia climata neutiquam bene ferunt, nisi forte acclimatisatione, ut vocabulo utar hoc barbaro, praeparantur, non raro morbis endemiis gravius afficiuntur. Ii enim qui antra gelida incolunt, qui muscis, pini strobulis tarandique lacte et carne vescuntur, justum corporis incrementum non accipiunt. Illi vero, nimio calore omnes animi et corporis facultates deprimente, divitiis, quas natura sponte iis offert, frui incapaces redduntur; alterutri autem, si ad alias regiones transferuntur, neque mutatam coeli indolem, neque nutrimenti et vestimenti alteram conditionem satius ferre queunt. Bene quoque cum his consentit, quod temperatae zonae incolas plurimas habeant easque omnibus fere nutrimentis et vestimentis omnibusque coeli mutationibus potissimum accommodatos. At falluntur qui, etsi in genere clima in facultates corporis animaeque promovendas aut deprimendas magni momenti sit, huic rei nimium [1]) tribuunt. Negari quidem

---

[1]) Da selbst ausgezeichnete Schriftsteller in den Irrthum gefallen sind, den Naturverhältnissen eine gar zu grosse Wirkung auf den Völkercharacter zuzuschreiben, ja denselben sogar als aus ihnen entsprungen anzusehen, so hielt es der Redner [vir ill. Schouw Prof. Hafns. e cujus orat. (Octob. 1830.) haec sunt Cf. Fror. Not. secund: Dansk Litteratur Tidende] nicht für unwichtig, diesen Irrthum zu bekämpfen, und meinte, dass, da dies auf verschiedene Weise geschehen könne, es sich für ihn, als Pfleger der Erfahrungswissenschaften, am besten gezieme, die Beweise aus der Erfahrung zu wählen, um so mehr, da der Irrthum sich am häufigsten bei denen finde, welche sich mit diesen Wissenschaften beschäftigen. Er machte zuerst darauf aufmerksam dass schon in dem Klima des Weltkörpers, Boden und übrige Naturverhältnisse, wenn gleich ihr Einfluss unverkennbar ist, dennoch bei weitem nicht hinlänglich sind, die sich darbietenden Erscheinungen zu erklären. So giebt es in der Vertheilung der Pflanzen und Thiere auf der Erdkugel vieles, was nicht auf diese Weise

nequit, coeli temperiem locique naturam agrum animumque colendi rationi quam maxime favere. Mon-

erklärt werden kann; z. B. dass England und Van Diemensland unter sehr ähnlichen klimatischen Verhältnissen kein einziges Thier und so gut wie keine Pflanze gemeinschaftlich haben; dass Südafrikas Flora ganz von der Nordafrikanischen verschieden; die Flora Neuhollands im hohen Grade eigenthümlich ist. Noch weniger hinlänglich sind Klima nnd Boden, um die körperlichen Verschiedenheiten, welche die Menschenraçen oder Hauptstämme der Völker darbieten, zu erklären. Es ist wohl gewöhnlich, dass man die schwarze Farbe des Negers aus der bedeutenden Wärme erklärt; aber in derselben Breite wie der Neger, wohnen der gelbliche Indier und einige Bewohner der Südsee von sehr heller Hautfarbe und der Neger bleibt nicht weniger schwarz in Westindien und Florida. Unter ähnlichen klimatischen Verhältnissen hat der Europäer, der Asiate und der ursprüngliche Nordamerikaner sehr verschiedene Farbe; der Grönländer und der Lappländer hat eine dunklere Haut als der Europäer und in Van Diemensland, einem gemässigten Klima, flndet man ganz schwarze Menschen. Die übrigen Verschiedenheiten scheinen grössern Theils gar nicht aus solchen Ursachen erklärt werden zu können; des Negers dicke Lippen, des Patagoniers Grösse des Papuas dünne Glieder, des Chinesen kleine, schräge Augen haben gewiss weder dem Klima noch dem Boden ihren Ursprung zu verdanken.

Betrachtet man den Einfluss der Naturverhältnisse auf den einzelnen Menschen, so findet man hierdurch keinen Wahrscheinlichkeitsgrund dafür, dass die geistigen Eigenschaften der Völker von ihnen abhängig seien. In demselben Lande oder derselben Stadt, ja in demselben Hause werden Individuen von höchst verschiedenem Character angetroffen; dieser wird weder von der Luft, noch von Speise und Trank bestimmt, und Genies können nicht, wie Ananas, durch künstliche Wärme hervorgebracht oder hervorgelockt werden.

Was die Völker selbst angeht, so ist es in die Augen fallend, dass man in demselben oder ähnlichen Klima die verschiedensten Nationen flndet. Die Europäischen Völkerschaften bauen die Erde, bewohnen Städte, haben wohl geordnete Staaten, bei den meisten blühen Wissenschaften und Künste; unter ähnlichen klimatischen Verhältnissen wohnen in den mehrsten Gegenden Asiens herum ziehende Völkerschaften die von Viehzucht leben, keine bürgerlichen Einrichtungen haben, und nichts von einer höhern Geistesbildung wissen; in Nordamerika sind die Ureinwohner rohe Barbaren, die als Jäger in den Wäldern oder auf den grossen Ebenen herumstreifen. Der friedliche, betriebsame aber schwache Indier wohnt in einem Klima, das nicht viel verschieden ist von dem, unter

tani populi hac de causa esse solent pastores, collis vinosi incolae vinatores, marium accolae nautae

---

welchem der *starke*, wilde uud faule Neger oder jene elenden Völker in Südamerika, welche durch ihr thierisches Aussehen und Betragen unser Entsetzen erregen, leben. *Der Chinese ist höchst verschieden von andern Völkerschaften unter ähnlichen Natur-Verhältnissen und der stolze, sinnreiche Engländer hat nichts gemein mit dem furchtsamen, elenden Bewohner von Van Diemensland.* Selbst in dem *nämlichen* Lande findet man die *verschiedensten* Nationen gemischt oder neben einander; wie in dem mittelsten Theile von Afrika Araber und Neger, von denen jene diese in geistiger Hinsicht weit übertreffen; in Südafrika Kaffern und Hottentotten, die gegenseitig höchst verschieden sind; in dem nördlichsten Theile von Scandinavien Lappländer mit Norwegern und Schweden gemischt.

Betrachtet man ferner die *Naturverhältnisse*, die man im Allgemeinen als auf den Volkscharakter wirkend anführt, so findet man leicht, dass sie in den meisten Fällen mit der Wirkung, die man ihnen beimisst, nicht vereinbarlich ist und dass hingegen oft die entgegengesetzten Naturverhältnisse sich mit ähnlichen Eigenschaften bei dem Volke zusammenfinden. Die heitere Luft, behauptet man, erzeuge oder fördere milde Sitten, rufe *Wissenschaften und Künste* hervor. *Griechenland* und *Rom* werden als Beispiele angeführt. Es giebt aber auf der Erdkugel viele Gegenden, wo die Luft viel reiner ist, als in jenen Ländern; wie auf den Inseln in dem Südmeer, oder noch mehr auf Peru's, Quito's oder Mexico's grossen Hochebenen, und doch sucht man hier umsonst der Griechen Sitten und geistige Thätigkeit, während dagegen unter *Englands neblichtem, regenvollem Himmel die Geistesentwicklung höher als bei den meisten Völkern* gestiegen ist. *Grosse Flüsse*, sagt man, befördern den Verkehr und dadurch die Kultur; der Nil, der Indus werden als Beispiele angeführt. Aber die grössten Flüsse in der Welt sind die südamerikanischen, an deren Ufern uncultivirte Völker ein elendes Leben führen, und die Dänen, die keinen Fluss haben, stehen wenigen Nationen an Cultur nach. *Eingeschlossene Meere* meint man haben einen ähnlichen Einfluss und beruft sich auf das *Mittelmeer*; aber an den grossen Seen in Nordamerika, an dem kaspischen Meere, auf den unzähligen, dicht an einander liegenden Inseln in dem indischen Ocean sind keine oder schwache Spuren von Kultur. An Kattegat's Küsten, wo Stürme, Sandbänke und Treibeis den Verkehr schwierig machen, blühen bürgerliche Einrichtungen und geistige Thätigkeit; sie fehlen dagegen auf den Inseln in dem Meere, welches mit Recht das stille genannt wird.

et piscatores, silvatici venatores atque qui planam superficiem incolunt agricolae, quos omnes aquarum

---

Die Hitze soll mächtige Leidenschaften entflammen; aber der friedliche Indier wohnt innerhalb der Wendekreise, grausame Nationen in Nordamerika und Menschenfresser in Neuseeland in einem gemässigten Klima.

Der geringe Einfluss des Klima's erhellt noch ferner daraus, dass Völkerschaften, die ihr altes Geburtsland verlassen und sich in einem neuen Lande ansiedeln, darum ihren Charakter nicht verändern. In den Colonisten im Innern der Cap-Colonie erkennt man vollkommen die Höllander, und doch wohnen sie da auf Hochebenen, ausgezeichnet durch die Trockenheit des Bodens und der Luft, während ihre Vorfahren auf niedrigen, feuchten Ebenen wohnten und von nebeliger Luft umgeben waren. In Indien erkennt man den Engländer, in Südamerika den Spanier: in Nordamerika unterscheidet man leicht die Abkömmlinge der Franzosen und der Engländer, und die Juden, fast in alle Erdstriche zerstreut, unter allen klimatischen Verhältnissen lebend, geben ein interessantes Beispiel davon ab, dass die Eigenthümlichkeiten eines Volkes unter den verschiedensten Naturverhältnissen sich erhalten können.

Oft verändert sich im Laufe der Zeiten der Charakter eines Volkes, obgleich Klima und Boden unverändert bleiben. Wir suchen bei den jetzigen Griechen vergebens die Charakterzüge, die geistigen Kraftäusserungen, welche ihre Vorfahren in ihrer glänzenden Periode auszeichneten und doch ist der Himmel nicht weniger klar, noch die Luft weniger mild; und wenn dieses unglückliche Volk sich einmal wieder erheben wird, so geschieht es gewiss nicht vermittelst einer klimatischen Veränderung. Scandinaviens Klima hat sich gar nicht oder sehr wenig verändert, während dessen Bewohner von Barbarei zum Culturstande übergegangen sind.

Allen Einfluss [1]) will der Redner indessen dem Clima und den übrigen Naturverhältnissen nicht absprechen. Es giebt Gegenden, wo diese Verhältnisse so ungünstig sind, dass die Bewohner, beständig mit ihnen kämpfend, sich schwerlich zu einer bedeutenden Geistesentwickelung zu erhöhen vermögen; wie in einem übermässig kalten oder übermässig warmen Klima, oder in einer mit ungesunden Dünsten angefüllten Luft. Dass aber selbst solche Schwierigkeiten durch die innere Kraft eines Volkes überwunden werden können, davon geben die Isländer ein deutliches Beispiel.

---

[1]) Quanta sit in virtute — quam clima in distributionem geographicam plantarum, animalium, hominum et morborum habere videtur et habet — rite aestimanda difficultas, si hanc notam animo perpenderis, facile concedes.

viae et mercedum aviditas communi vinculo ambit. Quae vero terrae abundant divitiis, humanum genus, potissimum si coeli calor accedit, otiosum debileque reddunt, animum autem cogitationibus propensiorem moresque blandiores faciunt. Sub frigido contra coelo, multo majore corporis virium exercitatione, sanitati in genere favente, nutrimenta acquiruntur, unde corpus quidem fortius, animus vero strenuis moresque non raro hilariores reperiuntur. Non ubique, saepius tamen pari passu morbi incedunt. Habes fortassis hinc arcticos homines inflammatoriis, nervosis vero morbis eos potissimum obnoxios, qui regiones modice calidas incolunt uti, Hispani. Quoniam enim otio ac libidini plurimi se dedunt, functiones sensuales praevalere solent animusque potissimum (phantasia) excitatur. Hinc dispositio ad melancholiam, spasmos, epilepsiam, hysteriam et al. Vidimus montanos qui aërem siccum, tenuem, purum temperatumque spirant et cum limpido fonte nutri-

---

Der Einfluss der sogenannten moralischen Ursachen auf den Völkercharakter lag ausserhalb der Gränzen der Rede. Es wurde gemeint, dass man auch in Hinsicht auf diese, oft einseitig einzelnen derselben einen gar zu grossen Einfluss zugeschrieben habe. Einer glaubt, alles aus Gesetzen der Staatsverfassung erklären zu können, ein anderer aus der Erziehung, ein dritter aus der Religion. Diese haben ganz gewiss alle ihre Wirkung und eine grössere, als die physischen Verhältnisse hier vorbringen; aber gering ist sie doch, wenn sie mit der Wirkung, welche aus deu angebornen Eigenschaften des Volkes fliesst, verglichen wird, und das um so mehr, als jene sogenannten normalen Ursachen zum grossen Theil gerade Wirkungen des Volkscharakters sind, z. B. Despotismus, von der Schwäche und der sclavischen Denkweise eines Volkes.

Darf also angenommen werden, dass der Allmächtige jedem Volke wie jedem Menschen einen eigenthümlichen Charakter gegeben habe, so lasst uns, fährt der Redner fort, ihm froh, doch in Demuth danken, dass wir aus dem grossen Völkerstamm, welchem er vor andern geistige Kraft, Erfindungsgeist und Liebe zu Kunst und Wissenschaft gab, entsprungen sind; eine Vätererbschaft, weit mehr werth als ein günstigeres Clima, ein fruchtbarer Boden oder goldreiche Berge.

menta simplicia sibi assumunt, vivaciores et agiles, fortes et indomitos ac inflammationibus omnibusque morbis acutis maxime propensos. Contrarium apud eos observatur, qui humiles et aquosos incolunt locos. Pingues enim et inertes, obesi et phlegmatici hydropicis ac scrophulosis morbis omnibusque cachexiis potissimum succumbunt. Transitus autem ex una ad alteram coeli solique naturam eo majus periculum affert, quo magis utriusque loci conditiones differunt: hinc acclimatisandi, ut ita loquar, necessitas i. e. transitus tardivus et cautus. Sensim sensimque advena easdem cum indiginis notas communes habet neque corporis tantum, sed animi quoque conditiones iis similes fiunt, quibus indigenae, insigniuntur. Denique et ad eosdem morbos praedisponitur ac praedispositionem ad morbos in patria solemnes nonnunquam penitus amittit. Imo functiones omnes novam induunt faciem et eaedem redduntur, ac eae quae in nova terra solemnes sunt. Sic in terris calidis, ubi pulsationes [1]) per minutae spatium centum observantur, metrorrhagiae frequentes [2]) et venaesectiones saepius necessariae [3]), febrium exacerbatio fortior earumque caloris stadium protractum [4]). Respiratio non tam activa pectorisque morbi rarissimi faciliusque sanandi, unde et calor organicus tantus ac apud boreales non observatur [5]). Simili modo musculorum vires in ejusmodi regionibus minores sunt [6]).

Celeberrimus Peron [7]) experimenta accuratissima, ex quibus ista concluduntur hac de re instituit; imo

---

1) Halleri elem. physiol. Tom. III. p. 265.
2) Chancillon, voyage Martinique.
3) Prosper Alpinus medicina Aegypt. Lib. I. Fig. 1.
4) Lind. Malad. des Europ. etc. pg. 139.
5) Titsing, descript. de Curaçao.
6) Cook, second. voy. Tom. 2. pg. 223.
Labillardière, voy. Tom. 2. pg. 176.
Lemaire, navigat. aux terres australes. pg. 672.
7) Voy. Tom. I. exeunte.

Coulomb[1]) testis nobis est, Europaeos in tropicis regionibus dimidiam virium partem amittere. Singularis et in his calidissimis, quemadmodum de regionibus modice calidis supra dictum nobis est, in spasmodicas affectiones transeundi morbornm inclimatio. Tetanus et membrorum tremor et convulsiones ibi frequentissimi [2]) et hypochondria et epilepsia v. c. in Habessynia [3]). Credideris itaque, calorem ad majorem nervosi systematis agilitatem praedisponere, etsi non, quod ill. **Virey** [4]) opinatur, exsiccando telam cellulosam, aut diluendo humores quos nervorum extremitates circumdasse in terra frigida putat, vel impellendo sanguinem ad partes cerebrales. Ceteroquin hic sanguinis impetus ad cerebrum et typhomania [5]) in calidis regionibus tam apud indigenas et magis adhuc apud advenas frequentissime observatur. Ibi quoque ii, quos animi pathemata toties excitant, mentis morbi frequentissimi. Hinc in calidis regionibus, ex praevalente systemate cerebrali, ad contemplandum et meditandum inclinatio, majorque numerus hominum, vitam solitariam eamque potissimum religiosam degens. **Hunterus** aliique physiologici demonstrarunt digestionem in locis calidis tantopere dejectam esse, quam systema nervosum ibi illud superat. Concoctu itaque facillima tantum nutrimenta assimilationi illuc cedunt. Dispositio oritur ad saburram, cruditates, flatulentiam, diarrhoeam et dysenterias. Ex his debilitas hominum, incolarum tropicarum region. prodit. In genere etiam rerum gestarum historiis edocemur, boreales plerumque in

---

1) Mémoires sur les travail des hommes et leurs forces en divers climats.

2) Thevenot voy. au Levant. pg. 813.
Bontius, medic. Indor. pg. 116.

3) Bruce, voy. Sourc. Nil. Tom. IV. pg. 556.

4) Dict. d. sc. méd. Tom. V. pg. 336. e quo ceteroquin plurima hausimus.

5) Sauvag. Nosol. methodic. Cl. VI. Gen. 27. Spec. 5.
Prosp. Alpin. Medic. Aegypt. Lib. I. Cap. 3.

bellis terrae calidae incolarum victores evasisse. Etsi quandoque flagrat furore animus, facile dejectus subsidia petit e perfidia, fraudibus, superstitione et al. Quum porro quae ad vitam necessaria sunt ibidem sponte a natura proferantur, stimulus e nutrimenti penuaria ortus ejusmodi populis deest. At videtur natura corporeae saltem debilitati occurrere: vegetabilia enim succulenta et aromatica plurima in ejusmodi regionibus reperiuntur.

Attamen monendum restat contra ea, quae secundum tritam opinionem modo dicta sunt, judicium de his difficillimum esse. De qua re animum advertas ad notam praecedentem ill. Schouw, quae, quod ingenue fatemur, dubia quaedam non levia nobis injecit. Nec ausi sumus generalia de universa quadam terrae zona dicta nobis concedere. Ubique enim quae a norma supposita distant tanta copia, si sedulo desquisiveris, reperiuntur, ut norma generalis vix non quaevis ipsa aegre retinenda ac stabilienda videatur. Neque vero subintelligendum, physiologicam caloris dignitatem per se dubiam vel non cognitam esse. Praecipitatur processus vitalis — si ita loqui concedas — generationis potissimum, dudumque Hallerus [1]): „Cum enim" dixit „in India pueri decimo anno, puellae octavo Veneri libent et nono anno istae pariant, trigesimo vero effectae parere desinant, credas Paxmanno, qui quadragesimo mori testatur." Refert quoque e Plinio [2]) in calidissimis feminas anno quinto concipere, octavo mori.

Quum vero hujus loci esse nequeat, talia disquirere, de caloris in generationem momento, ut vir. ill. Burdach opus physiologicum, (I. 355. 491. 412. 349., II. 91. 133. 121., III. 309 et al.) evolvas petimus. Compendium physiologicum v. ill. Joannis Müller, nuperrime (Coblenz 1833.) in lucem

---

[1]) Halleri, Elementa Physiologiae. Vol. VIII. Lib. XXX. p. 40.
[2]) ineunte Histor. Nat. libro septimo.

editum, de transitu caloris in ipsum animalium conplexum aliisque has[1]) ideas et experimenta largitur. In morbos calor conspicue agit vim et prae ceteris, ni fallimur, bilis secretionem auget.

Sed de morbis zonae calidae expositionem completam, quae scilicet tot volumina expleret, quot paginae hic ei coarctandae frustra dedicarentur, nemo exspectabit. Habentur enim de sola febre flava ejusque in variis regionibus diversa facie **964** tractatus singulares. Tantaque est librorum qui de morbis zonae torridae agunt copia, ut selectos tantum ex iis enumerasse hujus loci esse visum sit:

---

[1]) Die Wärme endlich, vorzüglich dann wichtig, wenn das thierische Wesen anfangs selbst noch keine Wärme zu bilden vermag, überhaupt aber für alle organische Wesen, Pflanzen und Thiere unentbehrlich, scheint auch in die Zusammensetzung der organischen Wesen einzugehen. Denn die organischen Processe erfordern bei jedem Thiere und bei jeder Pflanze eine bestimmte Temperatur, wir wissen auch, dass chemische Processe binärer Verbindungen, indem sie eine gewisse Temperatur erfordern, ein bestimmtes Quantum Wärme für die Bildung neuer Verbindungen absorbiren. Unter dem Einfluss jener Bedingungen, Nahrungsstoff, Wasser, atmosphärische Luft und Wärme entwickelt sich das organische Wesen aus dem Keim von selbst, indem beständig vorhandene organische Materie zersetzt wird und die Lebenserscheinungen selbst die Erscheinungen der beständigen Bindung neuer Stoffe und Zersetzung vorhandener, so wie der Veränderungen in der organisirten Materie sind. Ob auch Electricität zur Entwickelung des Lebens nothwendig ist, ist uns noch ganz unklar.

Nun zeigt sich aber sogleich eine verschiedene Abhängigkeit der lebenden Wesen gegen verschiedene Lebensreize. Edwards hat beobachtet, dass neugeborne warmblütige Thiere am meisten äussere Wärme nöthig haben, und ohne dieselbe nicht leben können, während diese Thiere viel länger ohne zu athmen lebend unter Wasser zubringen als Erwachsene. Ihre Fähigkeit im Wasser auszudauern, nimmt mit der Temperatur des Wassers von 0—20° zu, bleibt von 20°—30° und vermindert sich von 30° — 40° des Wassers. Edwards de l'influence des agens physiques sur la vie. Paris 1824. Froriep's Not. 150, 151. Vergl. Legallois exp. sur le principe de la vie. Das erwachsene Thier ist durch die Lebensverhältnisse seiner Art und Gattung auf eine gewisse äussere Temperatur und daher auf eine gewisse geographische Verbreitung zu seinem Gedeihen angewiesen.

Will. Hillary, on the climate and diseases of Barbadoes etc. Lond. 1759. Von den hitzigen und langwierigen Krankheiten auf den westindischen Inseln. Leipzig 1776.

Rob. Robertson, a physical Journal kept during three voyages on the coast of Africa and West-Indies in the years 1772—74. Lond. 1779. 4.

J. Lind, essay on the diseases incidental to Europeans in hot climates with the method of preventing their fatal consequences. London 1768. 1771. 1777. 1788. Uebers.: Versuch über die Krankheiten, denen Europäer in heissen Klimaten unterworfen sind. Riga und Leipzig 1773.

John Clark, opp. supr. laud.

D'Azille, observations générales sur les maladies des climats chauds. Par. 1785.

Rob. Thomas, medical advice to the inhabitans of warm climates. Lond. 1790.

Benj. Moseley. a treatise on tropical diseases, on military operations and on the climate of the West-Indies. Lond. 1787. ed. 4. 1806. Uebers.: Von den Krankheiten zwischen den Wendezirkeln und von dem Klima in Westindien. Nürnberg, 1790.

P. Wade, on the prevention and treatment of the disorders of seamen and soldiers in Bengal. London 1793.

John Hunter, observations on the diseases of the army in Jamaica and on the best means of preserving the health of Europeans in that climate. Lond. 1796.

Campet, Traité pratique des maladies graves qui règnent dans les contrées situées sous la zone torride et dans le midi de l'Europe. Paris 1802.

Sir Gilb. Blane, observ. on the diseases of seamen. 3. ed. Lond. 1803.

Jo. Crawford, essay on the nature, cause and cure of a disease incident to the liver in hot climates. Lond. 1772. 8.

Will. Fowle, a practical treatise on the different fevers of the Westindies and their diagnostic symptoms etc. London, 1800.

Will. Burnwell, physical investigations and deductions from medical and surgical facts, relative to the causes, nature and remedies of the diseases of a warm and vitiated atmosphere. Philadelph. 1802.

Will. Hunter, an essay incident to seamen or loscars in long voyages. Calcutta 1804.

Charles Curtis, an account on the diseases of India as they appeared in the english fleet and naval hospital at Madras in 1782—83 etc. Edinburgh 1807.

Reece, the medical guide for tropical climates. Lond. 1814.

J. Williamson, medical and miscellaneous observations relative to the Westind. islands. II. Vol. Edinb. 1817.

Alex. Moreau de Jonnes, tableau du climat des Antilles. Paris 1817.

— — hygiène militaire des Antilles. Par. 1817.

Carter, diss. de febre endemica Indiarum occidentalium. Edinb. 1818.

Alex. de Humboldt und A. Bonpland, Reise in die Aequinoctialgegenden des neuen Continents in den Jahren 1799, 1800, 1801, 1802, 1803 und 1804. Stuttgart 1815—29. (sparsim.)

Nic. Fontana, osservazioni intorno alle malattie che attaccono gli Europei ne'climi caldi. Livorno 1781. 8. Des maladies, qui attaquent les Européens dans les pays chauds, trad. de l'Italien par Venissant, revu par Keraudren, Paris 1818.

Simpson, exposition of Elementary principles specially concerned in the preservation of healthiness and production of distempers amongst mariners, travellers etc. in tropical climates etc. Lond. 1820.

Colin Chisholm, a manual of the climate and diseases of tropical countries etc. Lond. 1822.

W. Belcher, observations on the tropical endemic. fevers etc., during the year 1823. (cf. Edinb. med. and. surg. journ. Tom. XXIII. p. 246. sq.)

Jam. Boyle, lettres on the prevention and cure of diseases peculiar to hot climates etc. Lond. 1823.

James Annesley, Sketches of the most prevalent diseases of India etc. of european troops etc. illustrated by tables and plates. Lond. 1825.

Stormont, essai sur la topographie méd. de la côte occident. d'Afrique etc. Paris 1822.

Annesley, Materia indica . . . . by the Hindous and other Easter nations in their medecine. London 1826. 2 Vol.

Jam. Mc. Cave, military medical reports containing pathological and practical observations illustrating the deseases of warm climates. Cheltenham 1825.

James Johnson, the influence of tropical climates on european constitution etc. Lond. 1811. 1821. 1827. 4. ed. 1831.

J. Johnson, an essay on morbid sensibility of the stomach etc., to which are added observations on the diseases and regimen of invalids on their return from hot and unhealthy climates; third edit. Lond. 1827.

James Annesley, Researches into the causes, nature and treatment of the more prevalent diseases of India and of warm climates generally; illustrated with cases, post mortem examinations and numerous coloured engravings of morbid structure; in two volumes. Lond. 1828. 4.

Prosp. Alpinus de medicina Aegypt. (ed. noviss. 1829.)

Cr. Moritz Hasper, Ueber die Natur und Behandlung der Krankheiten der Tropenländer, durch die medicinische Topographie jener Länder erläutert, nebst der in den Tropenländern zur Verhütung derselben zu beobachtenden Diätetik. 2 Thle. Leipzig 1831. —

Sed quatenus calidas terras respicit luna hoc loco notanda nobis restat.

Nam quantum luna in variis terrae regionibus morborum incremento favet, medici sagacissimi Testa [1]), Darvin [2]) et Reilius [3]) nec non cl. Virey [4]) et Buck [5]) nobis persuadere operae pretium habuerunt. Taceamus quae olim Mead et nuper cl. Osiander lunae tribuere. Observationes quas cl. Jakson in India occidentali et viri pcl. Lind, Balfour et Fontana in India orientali potissimum instituerunt, lunae quandam potestatem in quosdam morbos denegari in istis regionibus non posse docuerunt. Febres intermittentes ac secretiones deviae et quae affectiones cum gangliorum systemate quandam familiaritatem habent, huc pertinent. Secretiones in genere auctas, pulsum tensiorem, respirationem minus impeditam cum lunae vicissitudine se observasse medici contendunt fide dignissimi. Climatica itaque ejusmodi differentia locum habere videtur.

Qualia vero omnia quantam ambiguitatem in se involvunt, ille fateri non erubescet, qui experientiam conspirantium auctoritati anteponit [6]). Nec partum, nec mensium profluvium, nec morbos tantopere a luna pendere, sunt, quae dubitanti adnuant.

---

1) Ant. Jul. Testa Bemerkungen über die periodischen Veränderungen im gesunden und krankhaften Zustande des menschlichen Körpers. A. d. Lat. Leipz. 1790. pg. 321. sq.
2) Zoonomie oder Gesetze des organischen Lebens von Erasmus Darwin. A. d. Engl. von J. D. Brandis, Hannover 1794—1799. Vol. I. ps. 2da. p. 201 sq.
3) Archiv für die Physiologie. Hal. 1795—1814, Vol. I. pg. 133.
4) Dict. des scienc. méd. T. XXIX. pg. 202.
5) Gerson und Julius, Magazin etc. Vol. XVII. pg. 359.
6) Bohn, de renunciatione vulnerum pg. 183.

Si morbos respicias quorum mutationes dudum[1-3]) lunae tribuerunt, tot invicem sibi opposita et quoad totum, adeo exilia, temporis locique peculiari naturae non minus tribuenda, arctius penetranti medicorum observata prostant, ut cum ill. Burdach in eo tibi quidem faciendum videatur, in genere nil certi ex istis redundari.

Abstineamus itaque a luna perfida solemque comitem eligamus eo jucundiorem, cum in zonam gelidissimam migraturi simus Praeterea vero zona frigida cum torrida id commune habet, quod alterutra fere omnes et prae ceteris animae facultates supprimat. Sub utroque coelo nec homines, qui corporis nec minus, qui animi facultatibus excellunt frequentius tibi occurrunt. Circa arcticos animus Venusque friget, ipsaque animalia et plantae ibi nec magnitudinem nec fertilitatem laudabilem acquirunt. Plerumque homines prope polos tam infirmes sunt, ut levissimus quisque attonitus iis timorem et horrorem procreet. Ac saepenumero, quod cum tali sensibilitatis conditione arctissime cohaeret, status convulsivus apud eos observatur, qui remediis antihystericis cito cedit [4]). Respirationis organa insigni modo agunt et calorem animalem intensiorem procreant; ceteroquin sensus hebetes et in genere obtusi sunt. [5]).

Quemadmodum autem frigus facultates quasi retropellit, sensibilitatem obtundit et ad somnum invitat,

---

1) J. W. Romberg de rara hydropis specie pro lunae mutatione nunc hanc, nunc illam regionem corp. occupante Act. N. Cur. dec. 3. a. 9 et 10. 1701—5. p. 203.

2) J. B. Baumes, Cas de méd. pract. conc. l'infl. de la lune Ann. de la soc. de Montp. T. 20. p. 31. 49.

3) Anton Franseri, obs. sur une difficulté periodique du respir. qui prouve l'influence de la lune sur le corps hum. extr. de la trad. de J. N. Halle d'apr. le 1r. tome de l'Acad. de Madrid Soc. Philomath. T. I. p. 119. T. 2. p. 72.

4) Pallas et Gmelin Reisen, in Heyne commentaria Gottingensia, 1778—79. Tom. I.

5) Scheffer de Lapponia. Cap. VII.

ita (alvi) viscera interna magis efferuntur, appetitus et digestio inde fortiores [1]) et in remedia assumta reactio, ab ea quae in nostris regionibus observatur, longissime distans. Facile ergo intelligitur, qua de causa vir ingenio tam sagaci quam rebus arithmeticis aptissimo instructus Virey, homines, qui aequatorialem plagam incolunt ad eos, qui in arctica versantur, veluti juvenes ad senes se habere contendit.

Hominum arcticorum caput magnum, thorax vastus, ventriculus digestioni idoneus et dispositio ad eos partis corporis superioris potissimum morbos, qui e sanguinis nimio affluxu derivantur. Contraria in zona torrida observantur, ubi rarius inflammationes, saepius profluvia occurrunt et viri effoeminati sunt, quum feminae in regionibus septentrioni proximis toties sint viragines. Animi exaltatio morbique psychici inde profluentes in zona torrida creberrimi, qui sub glaciali coelo praeter stupiditatem, multis ibi communem, rarius observantur. Pubertas sero in conspectum venit. Menses, quos apud Indorum puellas primo aetatis lustro vix peracto interdum profluendi initium, procax quidem, facere supra monuimus, in Groenlandia quarto lustro peracto demum prodeunt. Quantum vero sexus masculinus praevaleat, partuum quoque ratio arithmetica docet. Decimus quintus etenim quisque neonatus — dum inter quatuordecim 7 puellos et 7 puellas conspeceris puellus est. Plurimae autem functiones tardius ibi procedunt vitaque, forsitan ex consumtione retardata, longior esse solet, nisi morbis acutis vel abusu spirituosorum, et apoplexia non raro eum sequente citius abripitur.

Zona temperata. Qui temperatam zonam incolunt, sub omni fere respectu medico, aut ad tropicos aut ad polares, pro regionis diversitate, magis accedunt; id quod v. c. apud Scotiae et Siciliae populos non difficile internoscitur. Etiamsi vero in

---

[1]) Guthrie Journ. de médic. Tom. 88. pg. 8.

genere temperata coeli conditio secundum vulgi opinionem sanitati potissimum faveat, vitae luxuria, e consuetudine vel orta vel saltem eadem aucta, morbis permultis ansam praebet. Debet itaque in comparanda regionum facie secundum morborum frequentiam, opulentissimae urbis sub temperato coelo summa morborum multitudo, nec regioni campestri cuidam in torrida gelidave zona, nec insulae potissimum sub utroque coelo opponi, quum insulas vitam protrahere sciatur. Vita in temperatis regionibus ex omni parte, intensior est, ut ita loquar; functiones magis excultae et consumtio modice aucta. Corporis vero constitutiones, quum plerumque robustiores inveniuntur, ii homines, qui modice ibi vivunt, diutissimae vitae spem habent, nec enim tam multa capiunt nutrimenta, quam polares, neque tam infirma digestione fruuntur, quam tropici. Respiratio et transpiratio, vires musculares animaeque facultates medium tenent, et in pejus tam facile commutantur et excoluntur. Odiunt et servitutem et perfidiam tropicorum, odiunt et ruditatem et ferocitatem arcticorum. Quibuscunque artium et disciplinarum occupationibus lubentur indulgent, iisque adjuvantibus reliquorum zonarum incolas ab omni parte superant, ceteroquin et ad „acclimatisationem," ideoque ad commercium aptiores sunt. Dominantur itaque in terris, nec ullum rerum gestarum historiae exemplum praebent, populum gelidae torridaeve zonae latius dominasse. Quibus si opponere velis, transiisse tamen orbis dominium ab uno ad alterum populum, respondendum videtur, istam, quae temperate frigidam calidamque zonam nunquam transgressa est, vicissitudinem perpetuam, non tantum localibus et temporariis conditionibus, sed indefinitis quoque, id quod magis arridet, naturae legibus superstructam esse — Sed haec de aëre.

De aquis.

Quod in diiudicando climate maxime est pensandum, momentum princeps aëris plus minusve humida [1]) conditio est, quae de solemnium ventorum

---

[1]) Im Mittel wechselt [sec. ill. Muncke l. l.] der Wasserdampf der Atmosphäre zwischen 0,0166 und 0,0033, oder genauer beträgt in unsern Gegenden die grösste Menge desselben 0,014 des Volumens der Luft selbst [1]). . . . .

Hieraus ergiebt sich in Beziehung auf die Atmosphäre, dass die Quantität des Wasserdampfes in derselben unter höheren Graden der Breite und im Winter, desgleichen in grösseren Höhen weit geringer ist, als unter geringeren Breiten im Sommer und näher an der Oberfläche der Erde, woraus die stärkeren tropischen Regen und die in den Sommermonaten erklärlich sind. Vorzüglich aber kommt der Grad der Trockenheit der Luft in Betrachtung. Es leidet nämlich keinen Zweifel, dass die Atmosphäre nur selten mit Wasserdampf völlig gesättigt ist, vielmehr wechselt dieser Grad der Sättigung vom Maximo der Dichtigkeit des Wasserdampfes, wodurch alle Körper feucht werden, bis zur völligen Trockenheit, wobei selbst zerflossenes Weinsteinsalz und salzsaurer Kalk, ihrer grossen Affinität zum Wasser ungeachtet, trocken werden. . . . .

Man hat lange und viel über die eigenthümliche Art gestritten, auf welche der Wasserdampf in der Atmosphäre existirt, welche Untersuchung aber vollständig unter Verdunstung gehört. Hier kommt daher nur noch eine Frage in Betrachtung, nämlich ob die Quantität des Wasserdampfes, unabgesehen von der Temperatur, in höheren Regionen anders ist als in niedrigern. Allgemein nimmt man an, dass die Trockenheit der Luft mit der Höhe zunimmt [2]), indem diese Behauptung, schon durch v. Saussüre aufgestellt, bei dem aërostatischen Auffluge Gay-Lüssac's [3]) bestätigt ist. . . . .

Der Wasserdampf, desgleichen die Dämpfe von Alkohol, Aether und ähnlichen Flüssigkeiten, deren Quantitäten übrigens zu geringe sind, als dass sie im Allgemeinen wahrgenommen werden könnten, und deren Anwesenheit man bloss in der Umgebung der Oerter entdeckt, wo sie verdampfen, können in der atmosphärischen Luft in gleich grosser Menge vorhanden seyn, als im leeren Raume, und die Elasticität der Luft wird durch Hinzukommen dieser um so viel vermehrt, als die Elasticität derselben beträgt. . . . .

Unter die, zur Luft nicht wesentlich gehörigen, nur mechanisch beigemengten Substanzen gehört insbesondere die Salz-

---

[1]) Phil. Mag. XXIII. 353.

[2]) Biot Traité. I. 328.

[3]) J. d. Ph. LIX. 314. G. XX. 28.

siccitate, de roris, nebularum, pluviarum atque nivis, i. e. hydrometeorum, quae dicuntur, copia dependet. Quae omnia, quoad variam conditionem generalem et vigorem localem, rariores aut crebriores vicissitudines atque causas singulatim sunt castiganda.

Climata in sicca et humida dividuntur. Nonnullae scilicet regiones frequentibus atque vehementibus semper irrigantur pluviis, aliae, exempli gr. Aegyptus, Lima, certa quaedam Africae deserta arenosa al., pluviis plerumque, ni prorsus, carent. In aliis terris vehementes quidem et periodicae plu-

---

säure und salzsaure Salze, deren Anwesenheit nur mit Mühe durch die chemische Zerlegung, sicherer und leichter aber im Regenwasser erkannt wird. Salzsaures Gas in der Atmosphäre vorzüglich in der Nähe des Meeres entdeckten nach vielen sorgfältigen Beobachtungen, sowohl eigenen als fremden, Driesen[1]), Craanen[2]) u. a.; nachher Hermbstädt[3]) und Vogel[4]); in der Luft bei Halle, in der Nähe der Salinen, konnte indess Meissner[5]) keins wahrnehmen. Mechanisch fortgerissenes Salz in der Luft hat man wiederholt in der Nähe der Meere entdeckt, indem es aus diesen fortgeführt wird, und nach dem Verdunsten des Wassers sich an die Gegenstände in Gestalt feiner Krystalle ansetzt[6]). Insbesondere ist dieses in der Nähe des todten Meeres häufig der Fall. Auch salzsauren Kalk im Regenwasser entdeckte schon Bergmann und van Rossem[7]), nachher Lampadius[8]) und Hermbstädt[9]). Sonstige verschiedene Stoffe, welche nothwendig in der Atmosphäre vorhanden seyn müssen, weil wir sie oft in grosser Menge aufsteigen sehen, insbesondere Rauch und Asche nebst anderweitigen Substanzen aus Vulcanen, der dicke, zuweilen ganze Districte überziehende Rauch von verbrannter Heide[10]), die Bestandtheile des Höhrauchs oder trocknen Nebels, viele Stoffe, welche aus Hochöfen,

---

1) Allgemeene Konst- en Letter-Bode. 1803. N. 2. ff.
2) Naturkundige Verhandelingen u. s. w. Haarlem 1814.
3) Schweig. J. XXXII. 280.
4) G. LXXII. 277.
5) Schweig. J. N. R. VI. 161.
6) G. XXXI. 98.
7) Dissert. medico-chemica de Aqua. Groning. 1810. p. 27 u. 46.
8) Schweig. J. XXX. 256.
9) Ebend. XXXI. 505.
10) L. L. Finke, naturhistorische Bemerkungen über den Moordampf in Westphalen. Hann. 1820. 8. (Lingen 1825.)

viae solemnes sunt, sed interdum decem per menses desiderantur, ita ut flora integra detrimentum capiat. Permultae tandem duas solummodo anni vicissitudines, siccitatis scilicet et pluviarum continuarum, habent: imo certae quaedam tropicae zonae regiones duplici huius generis vicissitudini sunt obnoxiae. Plures regiones ob aquam ex vicinis, quae in superiori terrae strato condita sunt, humorum receptaculis profluentem solumque penetrantem, humidae sunt naturae, quibus adnumeres terras ad fluminum ostia sitas, paludosas, palustres, praesertim autem Africae insulas arena circumdatas (Oasen). Quo haec pars ceteris terrae partibus differt, discrimen praecipuum est, quod praeter montium iuga, ingentis magnitudinis deserta arenosa contineat, qualia quidem et in Asia Americaque occurrunt, in illa autem terrae parte insulis ubera vegetatione praeditis mediisque in desertis, quae nullas plantas, paucissima tantum animalia rapacia alunt, sitis, insignita sunt. Huius rei causam ex eo petas, quod in plurimis locis aqua ex aëre effusa ab arena absorbetur, siccitas summa oritur, plantae arefiunt atque animalia haec cujusvis nutrimenti copia loca privata fugiunt. Veruntamen si firmum quoddam stratum ex. gr. granites, sub arena reconditum latet, quod aqua pene-

---

von Fabriken, Laboratorien und sonst vielfach von der Erde aufsteigen, so wie diejenigen meteorischen Substanzen, welche nach Chladni u. a. vielleicht kosmischen Ursprungs sind, und auch die örtlich entstandenen partiellen Beimischungen, als hydrothionsaures Gas über Schwefelquellen, nebst den Producten der thierischen und vegetabilischen Zersetzungen, Gährungen u. s. w. können hier nur beiläufig im Allgemeinen erwähnt werden. Als eine merkwürdige, durch fortgesetzte Untersuchungen künftig näher zu prüfende Erfahrung ist es endlich anzusehen, dass M. W. Zimmermann [1]) im frisch gefallenen Schnee eine geringe Menge Eisenoxyd mit sehr wenigem Mangan, von beiden in 4 Pfd. Wasser etwa 0,001 Unze gefunden haben will.

---

[1]) Isis. 1824. Heft V. pg. 511.

trare non potest, quapropter e terrae superficie continuo profluit, calor et humor coniuncti insulas illas fertilitate atque amoenitate insignes procreant.

Singulorum locorum situs in modificando climate plurimum valet. Vim praecipuam exercet vicinia maris, quod ob magnam calorem imbibendi facultatem, calidioribus anni temporibus magnam caloris copiam absorbet, frigidioribus vero remittit, ita ut in eiusdem vicinitate temperiei gradus multo minores quam in medio magnarum continentium sint.

Oceani summum in his momentum. Quod primum attinet ad chemicam, quam exercet aether marinus, vim, tantum abest, ut ea valetudini noceat, ut plerumque homines per altum mare navigantes optima fruantur corporis conditione [1]): cum solis scilicet calor partes humidas aquae marinas extenuat, tollat, dissipet, quod Hippocrates bene perspexit, aër secundum observationes Baconis et Morogue humidus quidem saluber tamen sit, necesse est. Quibus Mead scorbuti genesin tribuit, particulis salsis non est repletus; non balsamicae naturae, ut Gilchrist putavit, sed purus et integer saepiusque minore gradu, quam in depressis regionibus, humidus. Quam ob causam non aether, cui in alto mari nunquam damniferi quid inesse potest, sed navium ipsarum atque portuum, infestissimis viribus praeditornm, aër corruptus damnum infert nautis.

Portubus nonnullis aqua illudit, quae maxima plantarum atque animalium putrefaetorum copia repleta est atque per aërem nocifera sua exhalata dispergit. En causa, cur nautae sani, simulac in terram exierunt, in regionibus nonnullis vehementissimis corripiuntur morbis [1–37]). Aëris, qui navibus,

---

[1]) Si morbum excipias navigationi non adsuetorum solemnem (Seekrankheit) de quo cfdus. ill. Autenrieth. Huf. J. II. 1. 98.

[1]) Stahl, de morbis nauticis. Hall. 1705.

[2]) Trotter, medicina nautica. Lond. 1797.

in portu stantibus inesse solet, vim damnosam, si interiorem earundem structuram accuratius perspexeris, satius mente percipies.

Homines, qui, utpote nautae, sub bona aut mala aëris conditione simul vivunt, omnes aut bona aut mala simul fruantur valetudine necesse est. Quod quidem non ita dictum est, eosdem affectionibus sporadicis prorsus non esse obnoxios. Sed in

---

De morbis nautarum.

3) L. Rouppe, de morbis navigantium. L. B. 1764.
4) Poissonnier des Perrières, traité des maladies des gens de mer. Par. 1767.
5) Northoote the marine practice of physik and surgery. London 1770.
6) Linnaeus, morbi expeditionis classicae.
7) Howe medicina nautica. Lond. 1797.
8) Cockburne, Sea diseases. Lond. 1697.
9) G. Blane, Beobachtungen über Krankheiten der Seeleute Marb. 1788.
10) Aasheim, diss. sist. clinicen nautarum iter ad oras etc. Hafn. 1785.
11) la Billardiere, Reise nach dem Südmeer. p. 160. (multos oriri morbes ex defectu aquae sufficientis.)
12) J. Aitkins, Navy Surgeon. Lond. 1758.
13) Graf v. Berchtold, Vorschlag einer sichern und leichten Methode auf die wahren Ursachen der Seekrankheiten zu kommen. Vid. Baldinger. N. Mag. XIV. 265.
14) Lind et Lange, Mittel die Gesundheit der Seeleute zu erhalten. Kopenhagen 1766.
15) John Ingenhouss, on the degree of Salubrity of the common air at Sea, compared with that of the sea shore etc. Philos. Trans. Y. 1780. p. 354.
16) Mauran, maladies des gens de mer. Marseill. 1786.
17) Rob. Boyle, a new experiment concerning an effect . . . . upon some bodies in the water. Philos. Trans. T. 1672. p. 5155.
18) Rapports sur plus. quest. prop. à la Soc. Roy. de Méd. relativ. à la nourriture de gens de mer. Hist. et mém. De la Soc. Roy. de Méd. de Paris. A. 1784—85. pg. 221. 294.
19) James Currie, acc. of the remark. effects. of a Shipwreck on the mariners. Philos. Trans. Y. 1792. pg. 199.
20) Da-Olmi, Précis elementaire d'Hygiène navale. Par. 1828.
21) Forget, médecine navale. Paris 1832. 2 vol.
22) J. Pringle, üb. d. Mittel d. Gesundh. d. Seeleute zu erhalten. Götting. 1777.

quos incidunt morbi, nil notatu dignum habent, ideoque eos tantummodo, qui nautis singulares habentur, hoc loco copiosius tractandos esse duximus.

Typhus navalis idem morbus esse videtur, quam ille, qui a locis ubi grassari solet nomen accepit, typhus nosocomialis, typhus castrensis et al.: sed ob causas supra allatas in navibus acriorem induit naturam. Artis medicae annales innumera asservarunt exempla, quae, per unum alterumve hominem typho laborantem omnes magnarum clas-

---

23) H. Callisen, üb. d. Mittel d. Seefahrenden gesund zu erhalten. Copenh. 1778.

24) Huxham, opp. III. p. 86.

25) Fr. Henning, diätetisch. medic. Handb. für Seeleute. Leipz. 1800.

26) Armstrong, tentamen prophylacticum de tuenda nautarum sanitate. Edinb. 1789.

27) Taxe, Afhandling om hushaellningen til sjoies etc. Carlscrona, 1782. (Journal de Méd. T. LXIV. p. 325.)

28) Hinderson, de vita marina etc. Edinb. 1784.

29) Andr. Bacheracht, physical. diaetet. Anleit. d. Gesundh. d. Seeleute zu erhalten. Petersb. 1790.

30) Ad. Desjardins, diss. sur la dysenterie considérée plus particulièrement chez les marins. Paris 1813. 4. (Morb. tub. intest.)

31) Pierr. Franç. Kéraudren, mém. sur les causes des maladies des marins, et sur les soins à prendre pour conserver leur santé dans les ports et à la mer. edit. II. Paris 1824.

32) Sinclair, de impulsu, quo coelum maris mediterranei pulmones afficit. Edinb. 1817. 4.

33) Will. Harwood, M. D., on the curative influence of the southern coast of England, especially that of Hastings etc. London, 1828.

Itineraria marina.

34) Joh. Hennen, Sketches on the Medical Topography of Mediterranean; comprising an account of Gibraltar, of the Jonian Island et Malta, to which is prefixed a Sketch of a Plan for Memoirs on Medical Topography edit. by his Son. J. Hennen. Lond. 1830. 666 S.

35) Beechey, Voyage to the pacific and Beerings strait. 1831.

36) Duperrey, Voyage autour du monde.
Historique du voyage
Hydrographie nautique et physique in 4. atl. in fol. (52 p.)
Paris 1833.

37) Hooker, and G. A. W. Arnott, the Botany of Capt Beechey's. Voyage to the Pacific Ocean. P. I. Lond. 1831. m. Kpf.

sium nautas hoc morbo infectos esse, docent. Alia autem ex parte maxime esset optandum, ut medici classiarii litteris mandassent, quoties classes hoc morbo correptae et in altum mare vectae pristinam recuperarint sanitatem.

Ab hoc morbo quam maxime typhus „amaril" secernendus est, cuius decursus tanto velocior est, ut brevi itinere interdum nautae omnes pereant.

Quum autem nonnulli medici cum hoc morbi genere confundant febrem flavam, hanc in navibus, simulac altum tenent, evanescere, hoc loco notetur necesse est. Quae res satis docet, typhi amaril causas ex aëre navibus incluso, febris flavae ex climatis singulari conditione esse petendas.

Aptum videbatur febris flavae et typhi amaril signum diagnosticum commemorasse, quod e climate et navibus — de utroque enim sermo nobis est — haud difficile peti poterit. Quando scilicet miseri, qui e febre flava laborant, navibus deportantur iisque potissimum ex occidente v. c. Antillis insulis orientem (Europam) versus vehuntur, febris flava cum mutata longitudine geographica paucos post dies cessat. Typhus vero amaril latitudine geographica altiore vincitur. Nullus enim quantum tenemus ultra gradum 69° lat. sept. et 52° lat. australis typhus amaril observatus est. Istam autem de febre flava notam observationibus doctoris cl. a Savaresi[1]) et huic pcl. Rochoux[2]) notitiae debemus: refert enim se a Dm. de la Mormiere, qui decies octies in Indiam occidentalem, febris flavae patriam, profectus et cum talibus qui febre flava affecti fuerant redux ex insulis Antillis, observavit aegrotantium neminem, si quintum sextumve navigationis orientem spectantis diem superaverant, gravius af-

---

1) l. l.

2) cf. Art. „Marins" in Dict. de médic. quem multis in his locis consuluimus.

fectum esse. Putabis itaque, medici interesse posse, aegrotantem febre flava correptum orientem versus quam citissime mitti, quod, cum ad maris oras morbus plerumqne in conspectum veniat, crebro institui posset. Optarem sane tanti morbi medelam in ejusmodi transplantatione inveniendam esse, licet ipsemet, nec sine jure quidem, de effectu dubitarem. Sed haec de navibus. Scorbuti enim distributionem geographicam, ubi de singulis morbis agitur, habebis. Navigantibus quidem morbus solemnis est; sed quum in continenti quoque terra ac variis, quae neutiquam ab aqua pendent, sub conditionibus observetur normasque in distributione cum dysenteria communes habeat nonnullas, cum hac ad istum locum reponendus esse videbatur.

Exhalationibus enim corruptissimus qui cubiculis nautarum inest aër, extra malam alimentorum conditionem, huius morbi genesi favet: momentum gravissimum, cui medici in diiudicando hoc morbo non semper acriter animum attenderunt.

Quas autem solum, aqua et reliquiae vivorum quodam modo constituunt, paludes inquam, paucis commemorandae sunt.

Ac sane si quid est, quod variam temperiei diversae vim exactius modificat et climatis specificam conditionem sistit, de humido et sicco, de aëre puro et exhalationibus damniferis mixto hoc certe statui potuit. Nec immerito altum primo loco monentes, consulto non in plana opposita descendimus, quae in geographia medicinali tantam vim non habent, sed oceani undis submersi navium alveum petimus, cujus aëri humido vaporibusque gravi, paludosum maxime affinem esse patet.

Loci paludosi.

Veteres populos Deam Cloacinam atque Mephitim coluisse, si memineris, eosdem valde damniferum aëris locique paludosi in humanum genus momentum bene sensisse facile intelliges. Hippocrates nociferas paludum vires in describendis, quibus urbis Phasis incolae obnoxii erant, affectionibus, accurate atque distincte enumerat. Quae quidem observata medici sequentes: Avicenna, Nicolaus Massa, Lancisi, Gattoni, W. Currie [1]), Jean B. Th. Baumes [2]), Ramel [3]), Guyton-Morveau [4]), J. B. F. Carrère [5]), de Prony [6]), Julia-Fontenelle [7]), Montfalcon [8]), Parent-Duchatelet [9]), Perenon [10]), L. R. Villermé [11]), Halle [12]) affirmarunt. Nec dubia haec res esset, etiamsi tot viri ingenio sagacissimo instructi eam non ab omni parte disquirere studuissent.

---

1) Will. Currie, an inquiry into the cause of the insalubrity of flat and marshy situations and directions etc. Trans. of the Americ. phil. Soc. Vol. 4. p. 127.

2) Jean Bapt. Theod Baumes: Determiner par l'observation, quelles sont les maladies, qui resultent des émanations des eaux stagnantes et des pays marécageux, soit pour ceux, qui habitent dans les environs, soit pour ceux, qui travaillent au desséchement, et quels sont les moyens de les prévenir et d'y remedier. Lyon, Nismes et Paris 1789 — 90.

3) Ramel, sur l'influence des marais et des etangs sur la santé de l'homme.

4) Guyton-Morveau, traité des moyens de desinfecter l'air. 3. ed. Paris 1815.

5) J. B. F. Carrère, de l'influence des marais sur la santé ctr. Paris, 1818.

6) de Prony, descript. hydrograph. et hist. des marais pontais. Paris 1822. 4. m. K.

7) Julia-Fontenelle, recherches historiques et méd. sur l'air marécageux. Par. 1823.
Mémoires sur les fièvres de la Sologne et généralement de tous les pays marécageux. Orleans 1823. 12.

8) Montfalcon, hist. des marais et des maladies causées par les émanations des eaux stagnantes. Par. 1824.

9) Parent-Duchatelet, essai sur les cloaques ou egouts de la ville de Paris sous le rapport d'Hyg. publ. Par. 1824.

10) Peneron, de la cause du méphitisme marécageaux et de son identité avec le méphitisme en général. Paris, 1824.

11) L. R. Villermé, l'influence des marais sur les différens ages. (cf. Archiv génér. de médic. Mai, 1825, p. 129.)

12) Halle, recherches sur la nature et les effets du Méphitisme des fosses d'aisance. (1833 ?)

Supervacuum foret, si de paludum genesi aliisque earundem momentis geologicis atque physicis hoc loco longius produceremus sermonem, quum, quamnam virtutem in procreandis miasmatibus paludes exerceant, indicare magis sit optandum. Licet enim videatur, hanc rem ad geographiam medicinalem arctius non pertinere, id facile concedes, perinde fore, ubi de morbis in terris singulis agitur, sexcenties paludosae hujus istiusve regionis conditionis mentionem facere, nisi in genere, quo modo exhalationes fiunt et damnosam vim exercent, hoc loco praemonitum sit. Nam quae in Pathologia generali de his proferuntur, tam in memoriam revocanda, quam, si licet, aliqua ex parte supplenda et sub geographico obtutu consideranda videbantur. —

Ante omnia explorari debet aquarum conditio, quas pluviae scilicet et fontes vel fluvii, et mare suppeditant. Sunt interdum mixtae. Quarum conditionum unaquaeque, quod quidem omni tempore a viris doctis observatum est, varie putredinem, miasmatum genetricem, modificat. Tum materiarum e plantarum et animalium regno ortarum naturae et mixtionis rationi parique modo variae temperiei conditioni animus est advertendus.

Quam ob causam paludes calidarum, temperatarum et frigidarum regionum singulatim examinandae forent. Quum autem tali explorationi longius hic insistere nobis concessum non sit, in cognoscenda, quam aër locis paludosis singularis exercet, vi nocifera hoc loco acquiescimus. In nosocomiis et locis, qui plantarum et praecipue animalium reliquiis putrefactis abundant, revera miasmata oriri extra dubitationis aleam est positum. Hoc modo ex. gr. paludosae atque uliginosae valles Mexicanae continuos procreant morbos febriles; exsiccata palude prope Acapulco, quae quovis anno ibi grassabantur, febres evanuerunt.

Horum miasmatum existentia et vis in iis regionibus maxime elucet, in quas ex paludibus Pomtinis haec progrediuntur: de agro Romano (Campagna di Roma) hoc notissimum. **Rigaud de l'Isle**, quae sequuntur, utpote observationum suarum summam, tradit:

1) Miasmata tanti sunt ponderis, ut, adiuvante tantum materia quadam leviori, in altum sese extollere possint, et vici, qui tam alte quam Sepino, i. e. 306 pedes, supra maris superficiem siti sunt, iisdem non amplius infestantur, urbe Velletri ob situm suum singularem excepta. Idem in Syria et rebus publicis Americanis observatum.

2) Quamvis cum rebus male olentibus coniunctae interdum sint, non redolent.

Saepe odor malignus in paludibus vicinis ortus in domos penetrat, et sanitati minime nocet; saepe aër dulcissimos florum odores spargit, et simul miasmatica vi pollet.

3) Tempore vespertino et matutino morbus facilius in alios transit, quam die: sole cadente autem periculum est summum.

4) Sylvae, colles et montes, imo parietes vel muri minorem maioremve praebent tutelam contra nociferam illam miasmatum vim, quod quidem et in aliis locis observationibus accurate institutis est firmatum.

Miasmata contagiosa per odorem quendam singularem esse noscenda, nemo est, qui credat et tantum abest, ut odores ingrati interdum sanitati noceant, ut datis conditionibus quibusdam eidem maxime conducant, ex. gr. stabulorum aër iis qui e pulmonibus laborant. Plantarum atque animalium reliquiae putrescentes minus omnino nocent, et homines qui vitam in male olentibus cellis degunt, uti opifices coriarii, corporis conditione fruuntur, a phthisi tuta. Qui in aëre, dulcissimis florum odoribus repleto degunt, raro diutius, quam qui in ipsis, coemeteris reliquiis hominum refertis, supra crypta, vivunt.

Iis tantummodo locis, ubi vapores revera pestilentiales solum obtegunt, incolarum vita periculo obnoxia est. Miasmata scilicet damnosissima, e putrefactis materiis organicis oriunda, continue e pestilentialibus hisce paludibus exsurgunt innumerosque provocant morbos, qui monographiis haud exigui ambitus largam rerum copiam suppeditarunt. In sententiam cl. Ramel, si contendit aëris humidum unicam esse causam, quod paludes in homines vim quandam exercerent, nos aeque ire non possumus, quam pcl. Rochoux[1]). Experimentis contra nostris sedulo institutis superstructa opinio, damnosam illam vim e hydrocarboneis qui e paludibus profluunt, vaporibus originem ducere, magis tibi arrideat. Ille, qui paludosarum Africae regionum naturam atque conditionem perscrutatus est, hos morbos ibi endemicos enumerat: febrem intermittentem, typhum putridum, choleram, scorbutum, leucorrhoeam, chlorosin, icterum, varias cutis affectiones, rheumatismos, hydropsiam, plurimasque intestinorum affectiones organicas.

Jamque ut eo non certiores tantum, sed exactissime edocti fiamus, quinam morbi sint quos aër paludosus exasperat, omnes omnium in orbe terrarum regionum paludosarum, eorumque quidem latius regnantium, morbi notandi ac inter se sub omni gravitatis, decursus ac medelae respectu comparandae forent. Medelam enim a priori certe nullam proponere poteris, nisi, quae infra de exsiccatione paludum dicuntur, huc retuleris: quia causa sublata effectum cessare, a priori definiri potest. — Sed habentur regiones paludosae, quae hominibus noxiae esse non videntur, nec morbos peculiares proferunt, nec alios protrahunt eaeque potissimum in terra frigida:

---

[1]) l. l.

tales ergo sedulo disquirendae et quidnam damnum aliis addit disjungendum esset, etsi putredinem sub calidiore coeli temperie momentum gravissimum esse facile intelligatur.

Sed quaerere quis in genere possit, utrum remedia contra vim hanc externam, quam evitare non possunt, homnibus exstent, nec ne. Quam quaestionem medici nonnulli affirmant suadentes, ut paludum accolae modicis nutrimentis fruantur, in domibus aëri expositis vivant, corpus laborando vel eundo non defatigent tempore, quo emanationes tenuissimae sunt, munditiei studeant, aliaque multa. Quae quidem omnia pro munimentis haberi possunt, si morbi causa, cui obiiciuntur, minori gradu viget. Hoc modo in regionibus frigidis nonnullisque temperatis, quia homines quod Hygieia caute praescribit, servarunt, nocifera exhalatorum virtus deminuta, imo sublata est. Non idem de paludibus regionum calidiorum valet. Ibi usus ipse consuetus remediorum nauseam provocantium et corticis Chinae regii, quorum tanta est efficacia in febre putrida curanda, minime proficit.

Unicum et efficax quod contra miasmata e paludibus oriunda adhiberi potest remedium id est, ut paludes exsiccentur vel saltem earundem aquae impediantur, quo minus stagnent. Ejusmodi quid locum haberet in iis terris quae circa Nilum, Gangem, Euphratem, Padum, Chinaeque flumen flavum et caeruleum et ad margines torrentis de la Plata iacent et in permultis aliis opulentibus terrae regionibus.

Sed haec de paludibus et eo quod in modificando climate sibi in genere vindicant. Sunt autem quaedam terrae partes, deltoideae insulae ad ostia fluminum ac torrentium, quas veluti totas humido mixtus aër inundat: Hollandiae pars septentrionalis et occidentalis, Krimia, Delta Aegyptiacum, regiones ad ostia fl. Padi et Guadalquivir, in quibus urbs celeberrima Valencia sita est, de qua jure quodam Hispani, quod cl. Bourgoing[1]) nobiscum communicavit, dicere solent quod aliquo modo de omnibus regionibus paludosis diceres: „que la viande y est de „l'herbe, l'herbe de l'eau, les hommes sont des fem„mes et les femmes rien."

Loca ventis exposita sylvestria et al.

Nec tamen mare solummodo et paludes, sed magni quoque lacus et flumina ut quae spissas procreant nebulas, aëra humectant caloremque temperant. Montium deinde vicinorum, qui tepidis aut frigidis auris aut impedimento esse aut favere possunt, habenda est ratio. In regionibus temperatae vel calidae zonae montium declivitas meridionalis praecipua causa temperiei calidioris; nam quum in Norvegiae faucibus solis radii maxime colligantur, poma a ventis frigidis tuta ibi mitia fiunt, dum septentrionales horum montium declivitates ne frumenti quidem culturam admittunt. Ingentis magnitudinis sylvae quum umbram praebeant humidumque retineant, semper frigidulo[2]) fruuntur aëre, quam ob rem, quae in vicinos regiones ex iisdem profluunt, auras temperant. Qui vero in sylvaticis terris degunt venetores plurimi vitam simplicem castamque, characterem cholerico-phlegmaticum, animi facultates non excultas habent, singulisque rebus perficiendis aptiores sunt, quam ad peragendas res praemeditatas. Ejusmodi populi profluviis et congestionibus plerumque inclinant. Huc pertinent populi, qui flumen Maranhon et Orenoco omnesque terras sylvis majoribus abundantes accolunt.

In genere qui ad margines rivorum lacuumque aërem humidiorem ceteroquin purum et sanum spirant, qui navigationi et commercio indulgent, opulentissimi plerumque homines plethoram serosam

---

[1]) Bourgoing, Voyage en Espagne. Tom II.
[2]) cujus rei causam triplicem nuperrime ill. de Humboldt detexit. (Fragm. Asiat. 1831.)

non raro sibi conciliant et scorbuto vermibus, hydropsia febribusque putridis eo magis conficiuntur, quo saepius nutrimenta salita capiunt. Morbi cutanei gravissimi apud eosdem observantur, v. c. elephantiasis ad oras Goae et Mosambicae, lepra in Asia minori, ubi simul ulcera sordidissima plurimaque conspiciuntur; herpes in Asturia et Biscaïa, alopecia (et calvities?) in permultis Archipelagi insulis; scabies apud Zeloniae et insularum Moluccarum incolas variaeque impetigines frequentissime apud accolas sinus Persici, Arabici, ad lacum Baikal, ad flumina Obi Jenisei et al.

Quae tamen acrimoniae morbos cutaneos procreare medicis videntur, eaedem organa genitalia continuo stimulo irritare et foecunditatem augere videntur oris maritimis familiarem (Burdach).

Loca plana, humiles et al.

Proxime ad hos ii accedunt, qui terras humidas humilesque incolunt, qui aërem nebulosum, densiorem, tranquillum, temperatum spirant et solum fertilem, humectatum et foecundum colunt. Batavia, Lombardia, Aegyptus inferior, plurimae partes Indiae orientalis aliaeque permultae terrae incolas habent obesos, tela cellulosa laxa, quasi spongiosa, articulisque crassis, digestione tardiore et constitutione leucophlegmatica praeditos. Nutrimenta scilicet plerumque vegetabilia aquosa sibi assumunt. Accedit transpiratio suppressa corporisque motus plerumque rarus et tardus, respiratio sanguinisque circulus tardivus, irritabilitas et sensibilitas quodammodo depressa ipsaque occupationis absque ulla fere varietate simplicitas, quae conveniunt ad tale quid procreandum quaeque gravioris in hac re momenti sunt.

Caput plerumque parvum, extremitates et truncus voluminosa esse solent. Animae facultates et prae ceteris „phantasia" habetes, systema lymphaticum praevalet, praedispositio ad profluvia serosa, ad catarrhos, scrophulos, hydropsias, scorbutum et affectiones extremitatum inferiorum impetiginosas et ulcerosas summa. Quanquam autem pubertas tardiva et affectiones organorum sexualium blennorrhoicae frequentissimae sint, summa tamen foecunditas, partus plerumque regularis, lactatio ubera ideoque populatio in ejusmodi regionibus abundans, quod Batavia, China et al. satis probant. At in certis quibusdam locis imprimis in vallibus profundis, angustissimis, solis luce destitutis nulloque aquarum defluxu ab humido stagnante deliberatis, ubi plantae aquosae insipidae, inodorae nullaque ex parte perfectae conspiciuntur, et homines imbecilles, animi depressi, non culti, plerumque scrophulosi et quod inde fluere videtur strumosi et cretinismi multi inveniuntur. Neque ergo immerito credideris morborum numerum cum hygrometri gradibus pari passu augeri.

Humidum itaque, quod aëri varia quantitate admixtum occurrit, non minus quam temperies et locus in morbos habet pondus. — Deberet vero climatologia specialis eaque medica constitui, cui fusius exarandae adminicula tantum literaria hoc loco subministrare [1–24]) eo magis acquiescimus, quum, ubi

---

1) Hippocratis de aëre aquis et locis liber aureus nemini quidem medicorum ignotus. Reliquorum veterum Graecorum de aëris, ventorum et al. potestate nociva opiniones hinc illuc disseminatas, amplectitur scriptum eximium et accuratissimum Neo-Graeci nobilis nobisque amicissimi Dris. Sophocles ab Oekonomus: Specimen pathologiae generalis veterum Graecorum. Berolini 1833. pg. 74 — 87.

2) Werter, de morbis climatum, in 4. Duisburgi, 1704.

3) Burggrav, Diss. de methodo medendi pro climatum diversitate varie instituenda. Lugd. Batav. 1724. 4.

4) Hartmann, Dissertationes duo de climate, ejusque notitia medico admodum necessaria. Regiomonti 1729. 4.

5) Frid. Hoffmann, De medendi methodo varia pro climatis diversitate, Halae 1734. In parte 1a. 2di tomi supplementi ejusdem operum. Ed. Genevae 1753.

6) Krüger, Diss. de diversitate corporum, morborum et curationum secundum regiones Europae. Halae 1744. 4.

de singulis terrae regnis agitur, quae singulis regionibus propria sunt, investigabuntur. Nimirum non tantum terra humida et depressa, alta et sicca, sed etiam ventis perflata, aut ab iisdem tuta, plana et colliculosa, campis apertis vel silvestribus, vel saxosis constituta, ab hominibus culta vel deserta et al. quatenus natura eorum fines geographici hodierni plantarum, animantium eorumque morborum potissimum constituuntur imprimisque quoad cuiuscunque singulae in hominum morbos momentum, accurate disiungenda foret. Est enim ad hanc specialem climatis rationem locorum in geographia medicinali summopere attendendum. Attamen varia coeli temperies, ut quae efficacissima ni fallor causa differentiae est, quae distributionem plantarum, anima-

---

7) de Buchner, Diss. de differentiis naturarum respectu climatum. Halae 1746. 4.

8) H. Williamson, essai dans lequel on tâche de rendre raison du changement de climat etc. cf. Journal de Physique. Paris 1773. p. 430.

9) Wilson, Observations relatives to the influence of climat etc. London 1780.

10) J. M. Gouiffès sur l'influence des climats et de l'atmosphère en particulier. Paris 1804.

11) Joh. Baster, geneeskundige proeve over de lugt etc. Verhandel. van het Maatsch. te Harlem. Deel 3. Bl. 37.

12) Esquisse d'un nouveau proget de comparaison de l'etat de l'air des eaux et des lieux avec l'histoire des maladies propres à chaque saison. Sedillot Recueil T. 14. p. 223. 449.

13) Don Valentin Gonzalez Contens, Diss. fisico-medica sobre el influxo que causa en la atmosfera etc. Mém. Acad. de la R. Soc. de Sevilla. T. 7. p. 397.

14) John Aikin, Remarks on the differ. succes. . . . . in high northern latitudes. Mem. of the Soc. of Manchester. ed. 2. Vol. 1. pg. 89.

15) Parat et Martin, jeune observations médic. sur les principaux effects du froid et du chaud sur le someil des hautes montagnes. Rec. des actes de la soc. de Santé de Lyon. An. 1. p. 273.

16) H***. v. d. Beschaffh. d. Luft in Bez. f. d. m. Gesundheit. Neue Schr. d. Naturf. Ges. Westph. I. 47.

17) F. J. Double, Quelque considerations sur l'influence des climats sur les maladies. Sedillot Recueil T. 27. p. 3.

lium, hominum et morborum in frigidis, temperatis et calidis terrae regionibus intercedit ideoque primum in his locum meretur, ineunte libro de morbis, in quo quod morbi in genere cum climate familiare habent collocanda existimavimus, prae ceteris respicitur. Nec lucis [1–4]) momentum, in variis terrae regionibus diversum, negligas. His vero, quas hactenus de climate notitias praemisimus, *conspectum quendam florae faunaeque universae medicae*, ut materiam, quam bis climata sponte praepararunt, morbis opponendam, subiungere consultum duximus.

---

18) Carmoy, Les vices apparents de l'air sont-il des causes aussi frequentes des epidemies qu'on a coutume de l'affirmer? Ann. de soc. de Méd. de Montpell. T. 5. pg. 65.

19) J. B. van Mons, quels sont les effets que produisent les orages sur l'homme et sur les animaux etc. Actes de la soc. de Méd. de Bruxelles. T. 3. pg. 114.

20) R. de la Prade, Mém. sur la même quest. (sur les orages) ib. T. 3. p. 179—312

21) General View, of the natural history of the Atmosphere, and of its connection with the Sciences of Medicine and Agriculture, including an Essay on the causes of epidemical diseases by Dr. Robertson. II. Vol. 8. London 1808.

22) Baumes, Ecclaircissemens sur les mém. relat. aux constit. méd. cf. Ann. de la soc. de méd. de Montpellier. T. XII. p. 145.

23) J. A. F. Ozanam, histoire méd. gén. et partic. des maladies épidém. contagieuses et epizoot. etc. Paris 1817—1823.

24) F. Schnurrer et J. Clark opp. supra laud. argumenta hist. praebent.

25) J. Johnson, the influence of the atmosphere etc. Lond. 1818.

26) Herholdt, Betrachtungen über die Einwirkung des Klima's auf den Organismus des Menschen. [In den Beiträgen zur Kenntniss der Medicin im Norden etc. von Dr. A. v. Schönberg. Braunschweig 1829.]

1) E. Horn, üb. d. Wirkung d. Lichts auf d. lebenden menschl. Körper mit Ausnahme des Sehens. Königsb. 1799.

2) J. C. Ebermaier, Versuch einer Geschichte des Lichts in Bez. auf d. Gesundh. etc. 1810.

3) Oken, allg. Naturgesch. (expectanda quidem). Resp. plant. et animal.

4) De conditione physical. lucis et caloris praeter comp. phys. ill. Biot, Fischer, Baumgärtner, recentiss. reperis in Berzelius Chemie ed. noviss. 1833. fasc. 1.

Conspectus geographicus

Florae universae medicinalis

secundum familias naturales dispositus.

CRYPTOGAMA.

(Plantae cryptogamicae seu exembryonatae s. graniferae).

Fam. I. Fungi.

Tribus 3. Gasteromycetes.

Lycoperdon bovista Pers. In loc. arenosis siccis ad marg. nemor. zon. temp.
Elaphomyces officinalis N. ab E. In sylvis z. temp.
Exidia auricula Judae Froehl. In Europae max. et Americ. bor. parte nec non in ins. Java.
Polyporus suaveolens Fr. In trunc. salic. Germaniae totiusque fere Europae borealis.
Polyporus officinalis Fr. In jugis montium Europae austral. in truncis pin. laric.
Agaricus muscarius Fr. In Germaniae sylvis.

Fam. II. Algae.

Trib. 5. Florideae Ag.

Sphaerococcus Helmintochortos Ag. In oris maritim. ins. Corsica totiusque fere maris mediterranei.

Fam. III. Lichenes.

Trib. 2. Lichenes expansi crustacei.

Lecanora tartarea Ach. In Suecia et rel. parte septentrion. Europ. Sparsim in Germania.

Trib. 3. Lich. expans. membr.

Parmelia parietina Ach. In saxis et cortic. arbor.

Trib. 4. Lich. ascend. fruticul.

Rocella tinctoria Ach. Insul. Canarienses et Azor. Archipel. Promontor. virid. Bon Sp. Ind. orient. Europ?
Cetraria islandica Ach. In loc. sax. mont. Europ. boreal.

Fam. IV. Musci frondosi.

Polytrichum commune Lin. }
— formosum Hedw. } In sylv. Europae.
— longisetum Hedw. }

Fam. V. Musci hepatici.

Marchantia polymorpha Lin. In omni fere orbe terrarum loc. humidis.

Fam. VI. Lycopodiaceae.

Lycopodium clavatum Lin. In loc. steril. sicc. Germaniae et al.

Fam. VII. Filices.

Trib. 1. Ophioylosseae.

Botrychium Lunaria So. In loc. sicc. Germaniae pl. non frequenter occurrens.

Trib. 2. Epiphyilospermeae.

Polypodium vulgare Lin. In loc. sax. sylv. German. totiusque fere Europae.
Asplenium Ruta muraria Lin. In loc. murar. German.
— Adianthum nigrum Lin. In loc. saxos. rup. German.
— Trichomanes Lin. In mur. German.
Adiantum Capillus Veneris Willd. In rup. Europ. austral. Gall. Hisp. Britan.
Adiantum pedatum Willd. Canadia Pensylvan. Virginia.
Aspidium (Polypodium) Filix mas Lin. In Europae, praes German. loc. sylv. mur.

PHANEROGAMA.

(Plantae phanerogamicae s. embryonatae s. seminiferae. Plantae vasculares s. cotyledoneae Dec.)

Series prima.

Plantae monocotyledoneae.

(Plantae phanerogamicae cotyledone simplici integra vaginante instructae.)

(Plant. endogenae Dec. Pl. endorrhizae Rich.).

Ordo primus.

Monocotyledoneae hypogynae.

Fam. I. Aroideae.

Arum maculatum Lin. In omn. fer. Europ. loc. humid. umbros. Gall. Polon. Germ. Britan.

Fam. II. Piperaceae.

Piper nigrum Lin. India orientalis Borneo. Sumatra. Ceylon. Java.
— Cubeba Lin. In Insul. Java. Mauritii, Prinz-Wallis Guinea etc.
— longum Lin. In sylv. hum. mont. Circ. Culta in Bengalia.

Fam. III. Typhaceae.

Acorus Calamus Lin. In loc. Europae fera tot. humid.

Fam. IV. Cyperoideae.

Cyperus officinalis }
— rotundus. } In India orientali frequentiss.
Carex arenaria Lin. In oris maritim German. boreal. multisque loc arenosis.
Carex hirta Lin. In loc. arenos. humid Germaniae.

Fam. V. Gramina.

Avenaceae.

Avena sativa Lin. Patria non distincte cognoscitur. (Reg. Boreales?)

Hordeaceae.

Hordeum vulgare Lin. } Fortasse in Sicilia et Russia; patria qui-
— hexastichon Lin. } dem aliquomodo incerta,
Triticum vulgare Lin. } Patria incerta.
— spelta Lin. }
— repens Lin. In omnibus Europae region.

Saccharineae.

Saccharum officinarum Lin. Ad rip. Euphrat. et in India orient. cultum.

Oryzeae.

Oryza sativa Lin. In India oriental. et part. austral. Americ. septentr.

Fam. VI. Palmae.

Phoenix dactylifera Lin. Inter tropicos Afric. et Asiae.
Areca Catechu Lin. India oriental. ad oras Malabar.
Calamus Draco Willd. Ind. orientalis. Sumatra, Palambang, Padang.

Ordo secundus.

Monocotyledoneae perigynae.

Fam. VII. Asparagaceae.

Drácaena Draco Lin. Insul. Canariens. Oris marit. usque ad altid. 3000 ped.
Convallaria majalis Lin. Loc. German. totiusque Europae umbros. humid.
Convallaria polygonatum Lin. In loc. sylvestr. collicusosis Europ. boreal.
Smilax China Lin. Cum filicis in collib. sylvestr. Japonensib. Sinensib. Cochinsinensib.

Fam. VIII. Veratrineae.

Veratrum album Bernh. In alpib. Austriacis (terram siliceam, amat Bernhardi).
Veratrum Lobelianum Bernh. In Alpib. helvet. (Kaernth. terr. calcar amat).
Veratrum Sabadilla Rez. In sylvis humid. Mexican. adora mar. et ad ped. mont. insul. Antillarum.

Fam. IX. Colchicaceae.

Colchicum autumnale Lin. Fere in omn. Europae pratis humid.

Fam. X. Asphodeleae.

Aloe vulgaris Lin. Ex Africa in Asiam Americam et Europam meridionalem (sicil Hisp.) transplantata et indigen. In promont. bonae Spei frequentiss.
Aloe sukotrina Lin. Insul. Sukotra (Sokotora) ad oras maris Arab. et prom. Bonae Spei.
Agave americana Lin. Peru. Mexico. A. 1561 in Europ. meridion transpl.

Fam. XI. Liliaceae.

Lilium candidum Lin. Syria. Arabia. Palaestina — demum in Europa meridionali indigen.
Scilla maritima Lin. Ad oras maris mediterranei tam Europae quam Africae Asiaeque arenosas.

Fam. XII. Irideae.

Iris florentina Lin. Europa meridionalis. Ital. (Florent.) Dalmat.
— germanica Lin. Europae mediae in prat. et sylvis.
Crocus sativus Lin. Orientis, Sicil. Ital. Hisp. Helvet. Thrac. Graeciaeque locis planis et collic. In Eur. med. cult.

Fam. XIII. Scitamineae.

Amomeae.

Curcuma longa Lin. Loc. humid. Indiae Oriental. Sinae, Malaccae, Javaeque indigena et culta.
Curcuma Zerumbet Roxb. India oriental. (Sina, Madagascar?)
Zingiber offic. Roxb. (Amomum Lin.). Ind. oriental. Bengal. Malabar. Java. Transpl. demumque indigent. in insul. Antill. et Sina.
Zingiber Zerumbet Roxb. (Amom. L.) Patria eadem.
— Cassumunar Roxb. Coromandel. Bengalia. Bahar.
Amomum Cardamomum Lin. Sumatra insulaeque adjac.
— Grana paradisi Afz. Guinea (Pfefferküste) (Afzelius).
Alpinia Cardamomum Roxb. Malabar. (Loc. coliculos. freq. culta)
— Galanga Reinw. India orientalis. (China, Cocchinchin.?)

Canneae.

Maranta arundinacea Lin, (India occidentalis?)

Ordo tertius.

Monocotyledoneae epigynae.

Fam. XIV. Orchideae.

Orchis mascula Lin. In pratis sylvarum Europae praec. Graeciae Asiaeque min.
Orchis morio Lin. In Germaniae pratis et ad margin. nemor.
— bifolia Lin. In Europ. mediae pratis humid. sylvisque.
Vanilla aromatica Sw. In reg. tropic. Americae ad rip. Orenocco, Neo-Granada Nov-Andasusia. Venezuela, Peru, Quito, Mexico, Cuba Jamaica. (Humb.).

Series altera.

Plantae dicotyledoneae.

(Plantae phanerogamicae cotyledonibus duabus raro pluribus instructae. Pl. exogenae Dec. exorrhizae Rich.)

Ordo primus.

Dicotyledoneae monochlamydeae.

(Pericanthium simplex magis vel minus perfectum).

Fam. I. Coniferae.

Coniferae verae.

Pinus Pinaster Lamb. Ad oram Galliae meridional. Mont. Pyren. et circ. urb. Bordeaux.
Pinus Pinea Lin. Ital. Hispan. Gallia.
— sylvestris Lin. In Europa polaris ad Galliam usque descend. arbor sylvestr. frequentiss.
Pinus Abies Lin. In jugis montium Asiae et Europae siccis steril. Quatuor saecula superat.
Pinus balsamea Lin. Virginia et Canada.

Pinus canadensis Lin. Canadiae montium juga amat.
— Larix. Siberiae, Helvetiae, Italiae etc. reg. alp.
Thuja articulata Lin. Juja Atlantis usque ad Oras Carthag.

Juniperinae.

Juniperus communis Lin. Europae borealis mediaeque loc. arenos. et colliculosas amat.
Juniperus Sabina Lin. Europa meridionalis et Siberia.

Faxineae.

Taxus baccata Lin. In omni Europae America septentrion et Siberia. Loc. saxosis.

Fam. II. Salicineae.

Salix pentandra Lin. Europa boreal. loc. arenos. et rarius in jugis montium Europae meridion.
Salix Russelina Sov. In Germaniae locis humid. ad rip. Rheni frequentissima.
Salix fragilis Lin. Germania (facile cum S. Russelina confunditur.)

Fam. III. Cupuliferae.

Quercus Robur Lin. } Europa media (ad gradum 62 lat. bor.)
— pedunculata Lin. }
— infectoria Oliv. Asia minor ad Syriam usque et ad fines Persarum.
Liquidambar Styraciflua Lin. America septemtrionalis (Nov. Britania usque ad Floridam).

Fam. IV. Juglandineae.

Juglans regia Lin. Persia. Transplant in Europam meridionalem et mediam nec tamen indigena.

Fam. V. Atrocarpeae.

Ficus Carica Lin. Asia. Archipelag. omnisque Europae meridionalis.
Dorstenia Contrajerva Lin. Peru. Mexico.
— Brasiliensis Lam. In Brasiliae provinc. St. Paul et Minas Geraes (de Martius).
Morus nigra Lin. China. Persia. Tartaria. Italia.

Fam. VI. Urticeae.

Humulus Lupulus Lin. In Europa media sparsim.
Cannabis sativa Lin. Persia (?) In ruderatis Germaniae etc.

Fam. VII. Ulmaceae.

Ulmus effusa Lin. Germania
— campestris Lin. Europa media.

Fam. VIII. Polygoneae.

Polygonum bistorta Lin. Helvet. Gall. Brit. German.
Rumex obtusifolius Lin. In Germaniae pratis freq.
— crispus Lin.
— nemorosus Schr.
— alpinus Lin. Alpes Helvet. omnisque Enropae meridion.
— acetosa Lin. In pratis fere totius Europae,
Rheum Rhaponticum Lin. Thracia et (Auvergne Dec. Ural (?) Auct. plur.)

Rheum undulatum Lin. Tartaría Chinensis.
— palmatum Lin. In jugis montium Tartariae Chinensis usque ad lacum Kokonor prope Thibestan.
— compactum Lin. China et Tartaria.

Fam. IX. Chenopodiaceae.

Chenopodium ambrosioides Lint Mexico et Europa media.
— Botrys Lin. Helvetia Ital. Gallia.
— vulvaria Lin. Europa. praes. Germania. In ruderatis.

Fam. X. Thymeleae.

Daphne Mezereum Lin. Germania, Európa et Asia boreal.
— laureola Lin. Germania.

Fam. XI. Santalaceae.

Santalum album Lin. Malabar. Juga montium.

Fam. XII. Laurineae.

Laurus Cinnamomum Lin. Zelonia Americana meridion. Guyana cult. Martinique.
Laurus Cassia Lin. India orient. Sumatra, Java, Ceylon, Malabar. Martinique loc. colliculos.
Malabar Cochin-Sina. (Transplant in Javam et (?) Sumatram).
Laurus camphora Lin. Japan. Cochin-China.
— sassafras Lin. Virginia. Florida. Pensylvan. Cochin-China.
— nobilis Lin. Asia. Africa septemtrional. Graec. Hisp.

Fam. XIII. Myristiceae.

Myristica aromatica Lam. Roxb. Insul. Molucc. (Banda) Isle de France. Sierra Leona. Surinam cult.)

Fam. XIV. Euphorbiaceae.

Euphorbiaceae verae.

Euphorbia canariensis Lin. Insul. Canariens. Juga mont.
— officinarum Lin. In tropicis Africae et insul. Canariens.
— Lathyris Lin. Hispan. Ital. Gall. Helvet. sparsim in Germania.

Tricoccae.

Croton Tiglium. Lin. Malabar. Insul. Molucc. Zelonia, Java.
— Eluteria Sow. Jamaica.
Ricinus communis Lin. Utriusque Indiae Africaeque incola.
Siphonia elastica Rich. Guyana.
Alchornea latifolia Sow.

Fam. XV. Aristolochiaceae.

Aristolochia Serpentaria Lin. Virginia. Carolina. In silvis.
— offic. nob. Pensylvania?
— rotunda. Europa meridionalis.
— longa. ibidem.
— Clematitis Lin. Germania.
Asarum europaeum Lin. Germania omnisque fere Europa.

Ordo secundus.

Dicotyledoneae diplochlamideae monopetalae.

(Pericanthium duplex, Calyx et corolla monopetala)

Fam. XVI. Plantagineae.

Plantago Psyllium Lin. Europa meridionalis.
— arenaria Lin. — — loc. arenosis.
— Cynops Lin. — — German. ad maris ora. (apud Monfalcon. Wulfen in Ascan.)

Fam. XVII. Primulaceae.

Primula veris Lin. Germania. Frequentius septentrionem versus.
Anagallis arvens. Lin. Germaniae planta frequens.

Fam. XVIII. Scrophularineae.

Scrophularineae verae.

Digitalis purpurea Lin. Germania Helvetia et Europa meridionalis.
Gratiola officinalis Lin. Germania. Hispania. Gallia.
Linaria vulgaris M. Germania.

Veronicineae.

Veronica officinalis L. Europa. America septentr. Asia boreal.

Verbascineae.

Verbascum Thapsus Schr. } Europa.
— — Plenk. }
— thapsiforme Schr. Germania.

Fam. XIX. Labiatae.

Salvieae.

Salvia officinalis. Europa media et meridionalis praes. reg. Alpium.
Rosmarinus officinalis Lin. Europa meridionalis et plaga orientalis.

Nepeteae.

Mentha crispa Lin. German. Hisp. Gal. Helvet. Siberia. China.
— crispata Schr. Guestphalia (Beninghausen).
— piperita Sm. Britania.
— viridis Lin. Quibusdam German. Britan. Helvet. reg.
— Pulegium Lin. In Germania sparsim.
Teucrium chamaedrys. Germaniae Gall. Helvetiae collis siccis.
— scordium Lin. Germania et Europ. reliq. loc. humid.
— Marum Lin. Syria, Aegyptus, Candia, Syria, Hispania. (Valencia.)
Hyssopus officinalis Lin. Europa media, Siberia, Alpes humiliores.
Glechoma hederacea Lin. Germaniae et tot. Europae silvae humidae.
Galeopsis villosa Sm. Germania australis Britania.
Marrubium vulgare Lin. Germania. ad margines nemorum.
Origanum vulgare Lin. Europa borealis. In silvis.
— majorana Lin. Portugalia.
— creticum. Creta. Europa meridionalis.
Lavandula Spica Lin. Ital. Gall. Hispan.
— latifolia Vill. Gall. Hispan. Portugalia.

Melisseae.

Melissa officinalis Lin. Alpes Ital. Hisp. Galeria. Archipel. Sibl. Austria.

Thymus Serpyllum Lin. Germania.
— vulgaris Lin. Europa meridionalis.
Dracocephalum Moldavica Lin.
Ocymum basilicum Lin. India orientalis. China. Persia.

Fam. XX. Boragineae.

Symphytum officinale Lin. Europa temperata.
Lithospermum officinalis Lin.
Pulmonaria officinalis Lin. Germaniae sylvis humid.

Fam. XXI. Solanaceae.

Solanum Dulcamara Lin. Germania. In loc. desertis.
— nigrum Lin. Europa. In setis ad margines nemor.
Capsicum annuum Lin. India orientalis. Mexico, Peru, Barbados.
Atropa Belladonna Lin. Zona tepida.
Hyoscyamus niger Lin. German. Europa. Loc. desertis.
Datura Stramonium L. India oriental. Europa media. In ruderatis.
Nicotiana Tabacum Lin. America meridionalis. Germania.

Fam. XXII. Convolvulaceae.

Convolvulus Scammonia Lin. Insul. Rhodos.
— scorparius Lin. Ins. Canarienses. Teneriffa Seg. Afric.
Ipomea Jalapa Desf. et Ker. America tropica. Mexico Vera Cruz. Xalapa.

Fam. XXIII. Gentianaceae.

Gentiana lutea Lin. Alpes Helvet. et Austriae. (Jura).
— punctata Froehl. — — Pyren. Riesengeb.
— pannonica Jacqu. Alpes Bavariae et Austria (frequentiss. ad mont. Untersberg. Hoppe).
Gentiana purpurea Froehl. Alpes Helvet. et Pyrenaic.
— Centaureum Lin. Europa borealis. Juga mont. German.
Menyanthes trifoliata Lin. — — Germania. Loc. paludosis.
Spigelia anthelmia Lin. Brasilia. Cayenne. Guyana. (Culta in ins. Dominique, Martinique)

Fam. XXIV. Lobeliaceae.

Lobelia inflata Lin. Canada usque Carolina. frequens.
— syphilitica Lin. Virginia. In sylv. sicc.

Fam. XXV. Asclepiadeae.

Asclepias Vincetoxicum Lin. Europae mediae locis desertis. (Cynanchum R. Br.)

Fam. XXVI. Strychnaceae.

Strychnos nux vomica Lin. India orientalis. Coromandel.

Fam. XXVII.

Styrax officinalis Lin. Plaga orientalis Aethiop. Syr. Arab. Insul Archipel. Italia. Provincia Galliae. Hisp.
Styrax Benzoin Dryand. Java. Sumatra.

Fam. XXVIII. Jasmineae.

Olea Europaea Lin. } Africa boreal. et Europa meridionalis
— fragrans Thunberg. } loc. saxos. sterilib.
Syringa vulgaris. Persia.

Fam. XXIX. Ericineae.

Ericineae verae.

Arbutus uva ursi Lin. Hisp. Gall. German. Loc. saxos. frig.

Rhodoraceae.

Rhododendron Chrysanthum. Tauria. Syria. In iugis montium altiss.

Rhododendrum ferrugineum. Gall. Hisp. Siber. Austria. Adscendit ad cacum. mont.

Ledum palustre Lin. Germ. Europ. boreal. America. Loc. paludos.

Vaccinieae.

Vaccinium Myrtillus. Germ. Gall. Britan. Loc. desertis.
— vitis Idaea.

Fam. XXX. Compositae.

Carduaceae.

Carduus marianus. Ital. Gall. Britania. loc. desert.
Carlina acaulis Lin. Germania. Sparsim loc. sicc.
Cnicus benedictus Spr. Europa meridionalis. Gall. Hisp.
Arctium Bardana Willd. German. in ruderatis.
— majus Schk. — — affinisque terrae.
— minus Lin. — borealis.
Carthamus tinctorius. Aegyptus, Alpes, Krain. Pratis apricis.

Eupatorineae.

Artemisia judaica. Aegyptus, Arabia, Palaestina.
— contra. Persia.
— pontica. Loc. saxos Europ. meridion.
— glomerata Sieber. Palaestina.
— Abrotanum. Europa meridional. Syria.
— vulgaris. Germania, in ruderatis.
Absinthium officinale Rick.
Tanacetum vulgare. Europa.
Tussilago farfara. — loc. arenos. ad decliv. mont.
— Petasites. Germania. loc. humid.

Radiatae.

Arnica montana. Germania loc. colliculosis.
Inula Helenium. Ital. Gall. Britan. Ital. In pratis humid.
Matricaria Chamomilla. Germania, in campis apertis.
Chrysanthemum inodorum.
Pyrethrum parthenium Sow. Germania meridionalis. loc. saxosis.
Anthemis pyrethrum Lin. Europa meridionalis.
— nobilis, — —
Achillea millefolium. German. Europa. In pratis siccioribus.
— ptarmica. In sylvis pratisque Germaniae.

Cichoraceae.

Cichorium Intybus. In omni fere Europa. Ad ripas flum.
Leontodon taraxacum. In Europ. Asiae, Amer. temperatae pratis.
Lactuca virosa. Europa meridionalis. In ruderatis.
— Scariola Lin. Germania.
Scorzonera hispanica. Siberia, Palaestina, Germania, loc. collicul.

Fam. XXXI. Dipsaceae.

Aggregatae.

Scabiosa succisa. Europa borealis. In pratis humidis.

Fam. XXXII. Valerianeae.

Valeriana officinalis. Europa, locis colliculosis, prat.

Fam. XXXIII. Stellatae.

Rubia tinctorum. Europa meridionalis. Locis sylvestr.

Fam. XXXIV. Spermacoccae.

Richardsonia scabra, Mart. Brasilia: Rio Janeiro, Minas Geraes.

Fam. XXXV. Coffeaceae.

Coffea arabica. Indigena Aethiopiae. Tum in Arabiam, Indiam orient. et occidental. transpl.
Cephaelis Ipecacuanha Sow. Brasilia. Cabo-frio et in mont. Serra Do Mar.
Psychotria emetica Lin. Peru, Granadae nov. sylv. (Viri ill. de et Humb. Bpl. frequentiss. viderunt prope torrent. Magdalen.)

Fam. XXXVI. Cinchonaceae.

Cinchona Condaminea Humb.
— lancifolia Mutis. America meridionalis. In jugis Andium inter Guaduas et Santa Fe de Bogota altit. 700—1500 hexapod.
Cinchona ovata Ruiz et Pav. Nov. Hispan. altit. 900—1400 hexap.
— oblongifolia Mut. — — Nov. Granada altit. 600—1300 hex. locis calidissimis. Humb.

Fam. XXXVII. Lonicereae.

Lonicereae verae.

Lonicera Diervilla. Arcadia. America borealis. (Canadia).

Sambuceae.

Sambucus ebulus. Germania.
— nigra. —

Fam. XXXVIII. Loranthaceae.

Viscum album. Europa.

Fam. XXXIX. Cucurbitaceae.

Cucumis Colocynthis. Syria. Insulae Archipelagi. (Promont. Bonae Spei?)
Bryonia dioica. Gall. Hisp. Helvet.
— alba.
Momordica Elaterium. Europ. meridional. loc. saxos.

Ordo tertius.

Dicotyledoneae diplochlamideae polypetalae.

1. *Calyciflorae Dec.*

Fam. XL. Umbelliferae.

Pimpinella saxifraga. Europa media.
— dissecta (P. saxifrag.)
— anisum. Aegyptus. Italia. Plaga orient.
Carum carvi. Germania.
Anethum foeniculum. In Syria, insul. Azorinis indigena esse putatur In Italia, Helvetia, etc. nunc habetur.
Liugsticum levisticum. Gallia. Italia. Helvetia.

Angelica Archangelica. Europa meridionalis in jugis montium et in regionib. paludos. Europae borealis.
Oenanthe Phellandrium Spr.
Conium maculatum. In multis Germaniae regionibus.
Petroselinum sativum Hoffm. Europa meridionalis.
Sium Ninsi. China. Japan. In montibus.
Cicuta virosa Lin. In mult. German. regionib.
Coriandrum sativum. Thuringia aliaeque Germ. reg.
Daucus carotta. Europa. In pratis et campis.
Cuminum Cyminum. Aegyptus et Aethiopia. In Italia cult.
Bubon galbanum. Aethiopia.
Imperatoria ostruthium L. Austria. Gallia. Helvet. (*Peucedanum* Ostruthium Koch.)
Peucedanum Oreoselinum Moench.
Opoponax Chironium Koch. Europa meridionalis Graecia, Asia minor.
Ferula Asa foetida. Persia.
Astrantia major.
Eryngium campestre. Europae plurimae regiones.

Fam. XLI. Lythrariaceae.

Lythrum salicaria. Germania

Fam. XLII. Ribesiae.

Ribes rubrum. German. Suec. Helvet in jug. mont.

Fam. XLIII. Myrtaceae.

Myrtus pimenta Sw. Antill. Barbados. Jamaica. Mexico.
Caryophyllus aromaticus. Insul. Molucc. praes. Makian. Demum transplant in ins. Amboinam, Bourbon, Mauritius et in Cayenne.
Melaleuca Leucadendron. Insul. Celebes. Amboina. Bura. Cerama.

Fam. XLIV. Granateae.

Punica Granatum. In reg. trop. Asiae, Americ. Antill. demum in Europ. meridional. transpl.

Fam. XLV. Rosaceae.

Rosaceae verae.

Rosa centifolia. Europa.
— gallica. Gallia. Europa meridionalis.

Pomaceae.

Pyrus malus.
— Cydonia. Apud urbem Cydon (Plinius), in Hungaria et Gall. meridional. et al. loc.
Sorbus aucuparia. Europa. Asia septentrion. Sylv. mont. jug.

Spiraeaceae.

Spiraea trifoliata Lin. Gillenia Dec. America borealis et nostrum coelum fert.
Spiraea ulmaria. Germania.

Potentilleae.

Tormentilla erecta. Europa borealis. In Germaniae sylvis.
Geum urbanum. Europa. In sylvis setis ad marg. nemor.
Fubus Idaeus, In omnib. Europae loc. saxos. ad sylvas etc.

Amygdaleae.

Amygdalus communis, — var. amara. } Mauritania; tum in Europam meridion. denique in Germaniam transplant.

Cerasus dulcis Bornh. Europa — Asiae min. indigena, potiss. Natoliae ad oram Ponti Euxini (prope urbem Trapezunt).

Cerasus acida,

Prunus Padus. Europa. sylv. humid.

— Lauro Cerasus. Persia et Pont. Euxini ora.

— domesticus. Asia min. Nunc in quibusd. German reg.

— spinosa. Europa. German.

Fam. XLVI. Leguminosae.

Sophoreae.

Myroxylon peruiferum. Nov. Granada, Peru, Columbia, Mexico.

— toluiferum Kunth. In Americ. meridionali prope Corozol et sparsim ad torrent. St. Magdalenae, reg. Garapatas et Mompax. et in jugis montium Carthagenae et Zapote.

Loteae.

Genista tinctoria Lin. Germania.

Ononis spinosa. Europa. loc. desertis.

Trigonella foenum graecum. Europa meridionalis.

Melilotus officinalis W. Europae et Germaniae ruderatis.

Liquiritia offic. Moench. German. (Franken). Gall. Hisp.

Glycirrhiza echinata. Rossia et Hungaria meridionalis.

Astragalus verus Oliv. — exscapus. } Asia min. Hungar.

Dalbergieae.

Pterocarpus Senegalensis Hook. Afric. Kakundi ad Senegal torr.

Mimoseae.

Acacia Seyal. Aegyptus, Nubia, deserta Arab.

— Catechu. India orient. Bengal. Coromandel.

— Ehrenbergii N. ab E.

— tortilis. Aegyptus desert. Nnbiae et Arab.

— nilotica. Arabia, Abyssinia.

— arabica. Aegyptus superior et India orient.

Geoffreae.

Geoffrea inermis Sw. In Jamaicae parte occidentali.

— Surinamensis Brong. Surinam.

— Cassieae. America meridional. Tola.

Copaifera officinalis. In Europ. meridional. Insul. Archip. et or. mar. medit. African.

Ceratonia siliqua.

Haematoxylon campechianum. A Mexico usque ad Jamaicam.

Tamarindus indica. India, Arabia, Aegyptus.

Cathartocarpus fistula Pers. Aegyptus. India. Antill. Amer. merid.

Cassia lanceolata. Aegyptus superior. Nubia.

— acutifolia Del. In vallibus deserti part. orient. prope Siena et secund. vir. pcl. Ehrenberg et Hemperich in insula (nov. detect.) Tarsan in mare rubro.

Cassia Senna. Plaga oriental. Arab. Aegypt. Syr. Pers. Ital. Gall. (Provincia.)

Cassia marylandica.

— Absus. Aegyptus superior.

Fam. XLVII. Terebinthaceae.

Terebinthaceae verae.

Pistacia lentiscus. Graecia. Ins. Chius.
— Therebinthus. Plaga orientalis Europa meridionalis.

Sumachineae.

Rhus toxicodendron. Virginia. Canadia.
— radicans.

Burseraceae.

Boswellia serrata. India orientalis.
Balsamodendron gileadense.
— Myrrha. } Arabia felix.
— Kataf. }

Connaraceae.

Brucea ferruginea l'Herit. India.

Fam. XLVIII. Rhamneae.

Rhamnus catharticus. In Germania.
— frangula.
Zizyphus vulgaris. Syria.
Ilex aquifolium. Europa meridionalis. America. boreal. Japan.

2. *Thalamiflorae.*

Fam. XLIX. Menispermeae.

Menispermum palmatum. Mozambique.
— cocculus. Amboina. Celebes. Malabar.
Cissampelos Pareira. America meridionalis. In locis colliculosis Brasiliae, Hispaniae nov. Martin. etc.

Fam. L. Berberideae.

Berberis vulgaris. In zona temperata.

Fam. LI. Ampelideae.

Vitis vinifera. Asia. Mare Caspicum, Armenia, Caramania. Inde in Graeciam, Italiam, Galliam et Hispaniam transplantata.

Fam. LII. Magnoliaceae.

Illicium anisatum. In sylvis Japonicis et Cochin-Chinens.
Drymis Winteri Forst. Prope Magellani fretum.

Fam. LIII. Acerineae.

Fraxineae nob.

Fraxinus excelsior. Europa.
— ornus. Calabria. Sicilia. Italia. Hispania. Istria.

Fam. LIV. Hippocastaneae.

Aesculus Hippocastanum

Fam. LV. Rutaceae.

Ruta graveolens. Africa borealis. Alexandria, Mauritania, Europa meridionalis.
Diosma crenata. Promotorium Bonae Spei.
— serratifolia. ibid.
Dictamnus albus, Rossia, Siberia et Europa meridionalis.

Fam. LVI. Zygophylleae

Guajacum officin. Insulae Antillae.

Fam. LVII. Simarubeae.

Simaruba excelsa. Jamaica. Insulae Canarienses.
— amara Hayne. Jamaica sylv. I. Trinidad?
Quassia amara. Surinam.
Bonplandia trifoliata. Americ. med.

Fam. LVIII. Oxalideae.

Oxalis acetosella. German. Helvetia.

Fam. LIX. Violaceae.

Viola tricolor. } in omni Europa.
— odorata. }

Fam. LX. Caryophyllaceae.

Saponaria officinalis. Europ. merid. et med.

Fam. LXI. Lineaceae.

Linum usitatissimum.

Fam. LXII. Ranunculaceae.

Clematideae.

Clematis erecta.

Anemoneae.

Anemone pulsatilla. Europa.
— pratensis, — borealis.

Helleboreae.

Helleborus niger. Germania.
Delphinium staphisagria. Europa meridional. et ins. Teneriffa.
Aconitum Napellus. In jugis alpinis Helvet. Hungar. Transsylv.
— tauricum. In jugis montium Europae meridionalis (Salzburg).

Paeoniaceae.

Paeonia officinalis. Europa meridionalis. Alpes. Siberia. Candia. In Germaniae saxis et sylvis sparsim.
Paeonia racemosa.

Fam. LXIII. Cruciferae

s. siliculosae.

Cochlearia officinalis. Groenlandia. Islandia. Hollandia.
— armoracia. Germania omnisque Europa. Ad fossas.
Sisymbrium nasturtium. Zona temperata Europae et America sept.

Siliquosae.

Sinapis alba. German. Gall. Britan. Helvet. Ad fossas.
— nigra. Germania et terr. ad lacus.

Fam. LXIV. Papaveraceae.

Papaver somniferum. Plaga orientalis. Europa meridionalis. Sparsim in Germaniae ruderatis.
Papaver officinale Gm. ibid.
— Rhoeas. In campis totius Europae.

Sanguinaria canadensis. Hispania nova.
Chelidonium majus. Europa. Germania. In muribJ etc.
Glaucium flavum Dec. Europa meridionalis. Austria.

Fam. LXV. Fumariaceae.

Fumaria officinalis. Europa et Germania in campis.

Fam. LXVI. Polygaleae.

Polygala amarella. Germania, in jugis montium.
— uliginosa.
— Senegal. Canadia.
Krameria triandra R. et P. (vix hujus loci). Peru in jugis montium, locis arenosis argillaceis.

Fam. LXVII. Malvaceae.

Malva rotundifolia. Germaniae aliaeque Europae mediae terrae,
— sylvestris.
Alcea rosea. Plaga orientalis.
Althaea officinalis. Locis humidis. Gall. Britan. Holl. Siberiae. Sparsim in Germania.

Fam. LXVIII. Meliaceae.

Canella alba. Jamaica, America meridional. Coll. saxos. sylvisque.

Fam. LXIX. Buttneriaceae.

Theobroma Cacao. America meridionalis, insul. Antillae.

Fam. LXX. Hypericineae.

Hypericum perforatum. Europa, in pratis campisque.

Fam. LXXI. Guttiferae.

Garcinia Cambogia. India orientalis, Malabar, Coromandel.

Polophylleae.

Calophyllum inophyllum. Malabar. Amboima. Java.
— Tacamacaba Willd. J. Madagascar et St. Mauritius.

Fam. LXXII. Aurantiaceae.

Citrus medica Asia min. Persia. Media. Assyria. Ad ora marit. Africae (mar. mediterr.). Europa meridionalis.
Citrus aurantium. India orientalis et China, transpl. in Europam meridionalem.

Fam. LXXIII. Theaceae.

Thea viridis. China. Japan.
— Bohea. ibidem.
— stricta Hayne.

Fam. LXXIV. Tiliaceae.

Tilia europaea. Europae locis siccis.

Fam. LXXV. Cistineae.

Cistus cyprius Lam. Patria? — In hortis Europ. culta.
— ladaniferus L. Hispan. et Portugal.
— creticus L. Insula Creta.

De geographia plantarum medicinalium insuper conferantur:

Fr. Gottl. Hayne, Getreue Darstellung und Beschreibung der in der Arzneykunde gebräuchlichen Gewächse. Berlin 1805—1830. XI. Vol.

J. Bigelow, American medical botany. Boston 1817—20. III. Vol.

Roques, Phytographie médicale. Paris 1820.

W. Barton, vegetable materia medica of the united states etc. Lond. 1821.

Vollständige Sammlung officineller Pflanzen. Düsseldorf 1821—30. fasciculi XVIII. et supplementa, quibus plurima eorum quae attulimus, debemus.

Flora du dict. d. sc. méd. desc. p. Chaumeton Chamberet et Poiret, peinte p. Turpin 107. Lior.

Descourtilz, flore médicale des Antilles etc. en 152 livr. 8 Vol. Paris 1824—29.

Daniel Wagner, pharmaceutisch medicinische Botanik. Wien 1828—30. II. Vol.

Allgemeine medicinisch pharmaceutische Flora von V. F. Kostelatzky. Prag Vol. I. 1831. II. 1833. (III. 1834?).

Conspectus geographicus

Faunae universae medicinalis.

Mollusca.

Acephala. Cuvier.

Ostrea edulis. Lin.
Oris maris atlantici Sueciam, Angliam, Daniam et Germaniam circumdantibus.

Gasteropodes. Pulmonaria.

Helix pomatia. Lin.
Europae mediae collibus humidis frequentissima.

Annulata.

Apoda hirudinea. (Bdellinea.)

Sanguisuga 1) verbena, Lago maggiore. Carena. Rarius prope Nizza. Risso.

— 2) interrupta: Montpellier. Mocquin-Tandon.

Sanguisuga 3) obscura Mocq.-Tand. [1]).
— 4) officinalis. Sparsim in Europa meridionali, Gallia. Mocq.-Tand. Hungar. German. Geiger.
— 5) chlorogaster quem cl. Brandt Petropoli (Pharmacopol. Strauch) vidit.
— 6) medicinalis. In Europa, potissimum boreali, Rarefit in Anglia [2]) et paullisper in Gallia [3]). Freq. in Germania, Dania [4]), Suecia [5]), observatus in Rossia [6]).

Insecta.

Hemiptera homoptera.

Tettigonia Orni (Manna-Cicade) [7]). In quibusdam reg. Europae merid. In hortis (Oleae Europ.) circa Florent. Carus. In Gallia meridionali. Latreille [8]). (Réaumur?) In Franconiae quibusdam collibus viniferis. Oken.
Coccus cacti (Cochenille) Anno 1526 ab Hispanis ex Americ. Mexican. in Europam translat. Sparsim alibi: Ararat, Eriwan, Karassu [9]), Georgia [10]), circa Malagam in Hisp. quorsum a Dre. Pressas [11]) tranl. fuit.
— Lacca. Innumerabili copia ad ripam torr. Ganges utramque in India orient. Kerr.
— Ilicis Archipelag. Graec. Creta. frequentius in Hispania, Galliae [12]) Provinc. et Languedoc.

Hymenoptera.

Apis mellifica Lin. Patria Aegyptus [13]) esse videtur non Scythia [14]). In Graecia scil. vetustiss. nota [15],[16]). Transvolarunt ceteroquin orbem totum antiquum. Nec tamen in Asia [17],[18]) et Africa [19])

---

[1]) Monographie des Hirudinés. p. 116.
[2]) Johnson, Treatise on the medicinal Leech. Lond. 1816. p. 41.
[3]) Mocquin-Tandon. II. p. 115.
[4]) Müller, prodrom. p. 219.
[5]) Linnaei, fauna Suec. 2079.
[6]) a pcl. Brandt.
[7]) Anacreon, Ode 43.
[8]) Latreille in Cuvier régne anim. T. V. p. 214.
[9]) Zeitung von Tiflis, Nr. 1—5. etc.
[10]) Akadem. Zeitung v. St. Petersburg. 1832. Nr. 217.
[11]) Jose de Presas, Instrucion par el cultiva de la Cochinilla, Malaga, 1825.
[12]) Réaumur, mém. p. serv. à l'hist. d. Insectes. T. V. p. 46.
[13]) Maillet, descr. de l'Egypte II. Universal-Bienengeschichte. I. 22.
[14]) Herodot, Lib. V. 10.
[15]) Virgil, Georg L. IV. V. 317.
[16]) Aristotelis, histor. animal. Lib. IX. c. 40.
[17]) Turner, Reise nach Tibet. Hamb. 1801. p. 107.
[18]) Lepechin, Reisen. Bd. 1. pg. 89.
[19]) Olivier, voy. dans l'empire Othoman etc. T. III. p. 313.

solum, sed trans. Oceanum in orbe novo [1,2]) quorsum ab Europaeis delatae sunt.
Formica rufa Lin. Europa tota. Fortassis Africa? America??

Terebrantia.

Cynips 1) Rosae Lin. Germania totaque fere Europa. In Rosa canina Hayne. Arzng. XI. 32. in Rosa villosa et Sepium Brandt et Ratzeburg.
— 2) Brandtii. Ratzeburg (Species nova) Neustadt-Eberswalde [3]).
— 3) Gallae tinctoriae. Asia minor. Syria. Mesopotamia. Turcomannia? Graecia? Istria (?) Hayne, Br. et R.

Tetramera.

Coccinella 1) ocellata. Europa tota. Sparsim in German.
— 2) septempunctata. Anglia [4]).
— 3) quinquepunctata.
— 4) dispar } frequentiss. apud Germanos. Rariores
— 5) tredecimpunctata } apud Suecicos.
— 6) mutabilis.
Glomeris marginata. Germania. Italia. Asia minor.
Meloe majalis. Gallia meridionalis, Hispania. Lusitania.
— variegatus. Germania. Anglia. Gallia. Italia.
— reticulatus. Germania (Berolin.) et Tauria.
— Tuccius. Lusitania. Italia. Gallia merid. Sicil. Tauria.
— limbatus. Hungaria. Tauria.
— corallifer. Lusitania.
— brevicollis. Europa.
— violaceus. —
— proscarabeus. Frequentiss. in Germania, Europa et Siberia.
Lytta vesicatoria. Europa non tantum meridionalis, ut multi putant, sed media quoque et ipsa Suecia et Siberia [5]).
— atomaria. Brasilia.
— marginata. Maryland.
— atrata. America septentrionalis.
— cinerea. Pensylvania.
— ruficeps. Sumatra. Java.
— Gigas. Guinea. Senegal. India orientalis.
Lydus trimaculatus. Rossia merid. Ital. Hungar.
Malabaris Cichorii. India orientalis et China.
— Sidae. Cap. Bon. spec.

---

[1]) Latreille Cuvier regne Animal. T. V. p. 365.
[2]) Feburier, traité etc. sur les ab. Paris 1810. p. 15.
[3]) Brandt et Ratzeburg, getreue Darstellung und Beschreibung der Thiere die in der Arzneykunde in Betracht kommen. Berlin 1830 — 33. 13 fasc. b. d. Verf. u. A. Hirschwald. Vol. II. p. 148.
[4]) Kirby and Spence. Introd. to Entom. Vol. II. London 1817. pg. 9.
[5]) Fischer, Entomogr. II. p. 230.

Arachnoidea.

Epetra diadema. Europa.
— calophylla. Gallia. German. et al.
Tubigenaria domestica Europa. In hominum tectis.

Crustacea.

Astacus fluviatilis. Maximus in torr. Wolga [1]), in fluminib. mont. Ural [2]) Europa tota et. sparsim in Asia.

Porcellio Scaber (spec. nov.)
— dilatatus — —
— pictus — —
} Br. et Rzb. Distribut. geogr. indefin. freq. prope a Berolino.

Oniscus murarius. Suec. German. Gall. Lusitan.
Armadillidium commutatum
depressum
} Syria. Asia minor.
Armadillo officinarum. Asia minor. Italia. Syria. Ehrenberg.

Pisces.

Gadus Lota. Siberia (Lena, Ob, Indigirka, Pjassida, Penschina) [3]):
— carbonarius freq. in mare german. (Helgoland), ad oras Danic. Suec. Island.
— callarias [Dorsch.] in sin. Balt. mar. Finn. ad oras German. Island. Norveg. Dan.
— Morrhua [Kabeljau: Berger Leberthran]. In hemisphaerio septentr. inde a gradu 40—75. Inmensa copia ad oras [4]) terrae New-Foundland, Cap. Breton, Neu Schottland, Neu-England. Frequens ad oras Daniae, Islandiae, Norvegiae. Nec Laponiae, Kamtschatkae oris deest. [5]) Rarus prope Groenlandiam, nullus pr. Spitzbergen.

Pisces ossei malacopterygii.

Clupea Harengus (Hering v. Haringsee = Nordsee). Frequentissimus inter grad. 50—67. lat. sept. Traditum fabulosum, Harengos e mare glaciali quotannis ad oras nostras accedere [6,7,8]) Rarissimus scil. in Groenlandia [9]) et Islandia. Scilicet alto maris relicto prope insulas Shetland primum in conspectum veniunt indeque orientem versus Daniam inter et Sueciam in mare Balticum, occidentem versus ad utramque Britaniae oram natant. Sparsim tantum in Galliae, Hispan. et Lusitaniae oris vix

---

[1]) Pallas Reise I, 134.
[2]) Georgi, Reisen. p. 356.
[3]) Pallas, Zoogr. III. 202.
[4]) Pennant, brit. Zool. III. p. 173.
[5]) Pallas, Zoogr. III. p. 182.
[6]) Faber. p. 106.
[7]) Oken, Naturgesch. III. 2. 60.
[8]) Froriep, Notizen. Vol. XXVI. p. 195.
[9]) Brandt und Ratzeburg, l. l. II. 41.

unquam in mare mediterraneo observantur, licet [1]) cl. Belon crediderit Romae harengos e mari vicino haberi. Sed prope a Kamtschatka et in fluminum hujus terrae ipsa aqua dulci usque ad oram septentr. Japonicam observari dicuntur [2]). De usu medico cfdi.: de Haen [3]), S. G. Vogel [4]), A. Richter [5]), Dierbach [6]).

Salmo thymallus. Lin. In fluminibus Europae mediae totiusque Rossiae fere omnibus. Rarus in Borussia. Dubium an in Rheno. Rarus in Helvetia. Nullus in Europa meridional. [7]) Raro adhibetur [8]) a medicis. [9]) (Oleum Aeschiae contr. macul. cornea ill. Jüngken [10]), Richter [11]).

Siluris glanis. Lin. frequentiss. in Germania (Seen der Neumark, Pommern) sed etiam in torr. Wolga. Ehrenberg [12]). Medulla nocifera [13]). Ichtyocolla.

Pisces cartilaginei s. chondropterygii.

Accipenser stellatus Pall. Mare Caspicum, Pontus Euxinus et torrent. eorum maj. [14]) Wolga, Danubius, Dniepr. Ichtyocolla [15])

— Piscis omnium sapore gratissimus [16]).

— Ruthenus. Lin. Distributione geographica insigni gaudet praes. in mare Casp. Pont. Euxin. Rarus tamen ad oras Borussiae (Bloch). [Friedrich der Grosse liess ihn nach Pommern in d. Madui See und nach Cüstrin verpfl. (Bloch, Br. et R. II. 24.) In Petersburg bezahlt man oft für 1 Stück 80 Rub.] Ichtyocolla optima.

— Sturio. Lin. Ad oras marit. Boruss., Hannov., Holl., Gall. maris mediterranei? (Salvianus) Americae sept.?? Mitchill [17]) et in torrentibus quae in istas oras exeunt. (Praebet. opt. „Caviar.")

---

1) Aldrovand, p. 295.
2) Ysbrant, driejahr. Reize. p. 131.
3) de Haen, Praelect. pathol. ed. Wasserberg. T. III. pg. 27.
4) S. G. Vogel, Handb. d. pr. Heilk. T. I. 176.
5) Richter, Arzneimittellehre. I. p. 191.
6) Dierbach, die neusten Entdeck. in d. Mat. med. p. 292.
7) Serres essai etc.
8) A. 1609 Stuttgardiae in nuptiis principis cujusdam 3395 Salmones thymalli consumti esse dicuntur: Curiositaeten. I. 310. Br. et R.
9) Mercklein, Thierbuch p. 426. Buchner, Repertorium. XXIX. 201.
10) Jüngken, Handb. d. Augenheilk. Berl. 1832.
11) Richter, l. l. p 382.
12) cf. Diarium v. pcl. Ehrenberg in itinere quod cum ill. A. de Humboldt in Russia ad fines Chinae fecit.
13) Richter, l. l. p. 726.
14) Güldenstedt, Reise. I. 173.
15) Lepechin, Reis. I. 152.
16) Marsigli, Pallas, I. 295. In Wien kommt [daher!] diese Art aus Ungarn nicht selten zu Markte. (Lichtenstein.) Br. et R.
17) Mitchill, Transact. of the lit. phil. soc. of Philad. I. 461.

Accipenser Güldenstaedtii. Mar. Casp. Pont. Euxin. Wolga, Obi, Danub. [Die ganz Alten liefern zwar wenige, aber d. schmackhaftesten Eier, die auf d. kaiserl. Tafel kommen. Er liefert ¼ alles Caviars und Hausenblase. In Wien häufig aus Ungarn. — Sommers in Eis gepackt. (Lichtenstein) Br. et R. II. 16.]

Amphibia.

Ranoidea.

Bufo variabilis Merr. In omni Europa, Siberia [1]), Caucas. India orient. Cf. experimenta cl. Laurenti [2]).
— cinereus in Europa et Persia [3]). Vivi contra ulcera cancrosa Pestem, Tineam, frustra scilicet adhibebantur [4]).

Testudinacea.

Chelonia esculenta. Zonam calidam amat. Rarius gradum 30 lat. sept. et australis transgreditur. In Florida [5]). Maximae in promont. albo [6]). De usu medic. veter. cf. Plinius [7]) recent. Richter [8]).

Serpentes.

Coluber Berus. Fortassis in Americae meridionali et Africae septentrionali parte. Ubicunque in Europa, frequentissima in Lusitaniae et Hispaniae reg. montani. [9]) et in Italia [10]). Non rara in Europa univ. et Asia orientali. Parcus usus medicus [11]).

Lacertae.

Scincus officinalis. Patria Aegyptus (Hemprich et Ehrenberg). Habetur in Syria (Bruce). Arabia petraea (Hasselquist.) fortassis in tota Africa ipsaque Sardinia et India orient [12]). Usus aphrodisiac. obsol.
Lacerta agilis. In Europa et Rossica Asiae parte. Adhibebatur in Lepra (Tondi) ossicula epilepticis oleum lippientibus inservit (Grossenger). Nauseam [13]) provocando vim exercere coniicies.

---

1) Pallas, Zoogr.
2) Laurenti, Synopsis Reptilium. pg. 113.
3) Pallas. II. 14.
4) Castelli, Lexicon med. Art. Bufo cit. a Brandt et Ratzeb. [deest in mea quidem editione Rotterodami 1651.]
5) Catesby, hist. nat. de la Caroline. Vol. II. p. 38.
6) de la Cepède, hist. p. 85.
7) Hist. nat. L. IX. c. 7.
8) Richter, Ausführl. Arzneimittellehre.
9) teste ill. Linn. (cit. Br. et Ratzeb. I. p. 177.)
10) Metaxa, Serpenti di Roma. p. 43.
11) Reisinger, diss. obsol. med. et chir. cont. Gött. 1789. p. 37.
12) Dict. des sc. nat.
13) Richter, I. 190.

Aves.

Gallinaceae.

Gallus domesticus. Nulla terrae regio conspicua quantum tenemus gallis destituitur. Usus albuminis, vitelli etc. notissimus. Gallus domest. varietas gallor. plurimum essevidetur. (Lichtenstein, Temminck, Cuvier, Wilson, Brandt et Ratzb.
— giganteus. In sylvis part. meridion. ins. Sumatra et occident. ins. Java. (Marsden. Temminck).
— Bankiva praesertim iv Java (Leichenauld [1]), Reinwardt.)

Mammalia.

Cete.

Physeter macrocephalus.
— Trumpo. Bonnat.
— polycyphus. Lin.
Balaena mysticetes.
— boops. Fabric.
— rostrata.
— longimana.

Quemlibet Oceani universi recessum pernatare videntur. Migrare balaenas jam Plinio notum fuit, licet optime a cl. Sibbald descript. esse. Peritoneum Balaenae myst. a popul. Asiae septentr. loco [2]) vitri in usum vocatur. Cetaceum vir beatus ill. Rudolphi sub tegumine capitis cutaneo Balaenae rostratae invenit. — Oleum Balaenae (Thran). Oleo jecoris aselli jure quodam substituitur [3]). In Insulis Bermudas [4]) bodie et olim apud nos [5]) res sacra. D. „Fischbein" instrumentis chirurg.

Pachydermata.

Sus scrofa fera in Asia et Europa usque ad grad 60 lat. domestica — 64° lat. sept. habetur. Olim [6]) partes multae, hodie axungia tant. adhibetur.

Bisulca cavicornia.

Bos bubalus. In reg. Asiae Tibetanis indigena esse vid. In zona temperata calida orbis antiqui sparsimque orbis novi. In Asiae zona torrida et Sunda insulis frequentiss. Caseo di Cavallo, Marzelino. Amuleta e cornubis. Axungia.
— taurus. Patria ignota. Invenitur in omnibus terris cultis. Nusquam ferus, sparsim efferatus. Adhib. Serum lactis. Lac Asininum. Saccharum lactis. Fel tauri recens in morb. quib. intestinorum abdom. etc. (Horn).

---

1) Temminck, Gallinacés: pg. 89.
2) Phalain. p. 105.
3) Schenck, Hufel. J. LV. (1822) VI. 58.
4) Phil. Tr. V. 1. p. 13.
5) Museum. Worm.
6) W. A. Mercklein, Neu ausgefertigtes histor. med. Thierbuch. Nürnbr. 1696. p. 206.

Ovis Argali. In cacum. mont. frigid. et temperat.

— Musimon. In mont. Ceraun. Persiae. Ins. Cyprus [1]), Tauria, Macedonia.

— arier in omnibus reg. terrae cultae. Sebum ovilli et intestina torta exsiccata.

Moschus moschiferus. Tantummodo in Asia reperiturinde a gradu 16—15 lat. sept. et 92—155. longit. or. Rarissime alibi. Animal neutiquam tam rarum quam plurimi opinantur. Singulus venator ad ripa fl. Ilga in Siberia unico hieme interdum plus centum sibi conciliat [2]). Habetur in China [3]) praesertim in monte Xe-hiang cujus nomen frequentiam istius animantis designat, in Tonkin, Butan, Tibet [4]) et alibi. Moschum tunguinensem Sibirico praestantiorem esse medicorum neminem fugit. Abusus olim frequens.

Cervus elaphus. In hemisphaerio boreali inde a gradu lat. 10—64, si Rossiam [5]) exceperis, ubicunque in Europa et Asia reperitur. Nec Africae quibusdam regionibus (Berberei [6]), Guinea [7]), Habessinien) [8]) deest. Quae olim adhibebantur Cervi partes cl. Bechstein et ill. Hartig [9]) solerter enumerarunt. Gelatina e cornu nutrix hodie phthysicis frustra praeparatur. (Hirschhorngelé).

— alces. In Europa inde a Gradu lat. 54—65 in America 37°—60; scilicet frigidiorem orbem novum sub eadem gradu parallelo esse, sentire videtur. Anno 1025 ultima vice in [10]) Germania in qua olim frequentissimi fuerunt, observati esse videntur. Antehac scilicet in Gallia fuerunt, quum si Caesari [11]), Plinio [12]), Straboni [13] et Pausaniae [14]) fidem aegre recusaveris, Praescrib. cornua adhuc in Pharmacopoea Finnica [15]).

Glires.

Castor Fiber. Cum ejusdem in hieroglyphis [16]) Aegyptiorum mentio vix dubia fiat, et Rugorum religio Castorem tueri

---

1) Dauper, Bericht von den Inseln des griech. Meers. p. 50.
2) Gmelin, sibir. Reise. Vol. II. p. 240.
3) Kirchner, China illustr. IV. 7. 256.
4) Turner, Gesandschaftsreise nach Tibet. A. d. E. Hamb. 1801. p. 232.
5) teste Pallas. l. l.
6) Shaw Reise. p. 151.
7) Bosmann. Guinea. p. 294.
8) Ludolph, Aethiopia. Lib. I. cp. 10. §. 71.
9) Forst- und Jagd-Archiv von G. L. Hartig. Jahrg. I. H. 4. Berlin 1816. p. 14.
10) Schloezer, neuer Briefwechsel. fascil. II. Gött. 1776.
11) Jul. Caesar, Comm. de bell. Gall.
12) Plin. hist. natur. VIII. 15.
13) Strabo, geogr. IV. 207. 208.
14) Pausanias, V. 301.
15) pg. 6.
16) Horappollinis hieroglyph. cur. de Pauw. lib. II. p. 65.

defenderet [1]) vetustissimis temporibus ibidem alia in Ital. [2]) Hispania [3]) vixisse videtur. Hodie in orbis veteris plaga gradib. 33—67 lat. borealis interjecta reperitur, et Rossiae et Sinui Hudsonis nunc imprimis adscribendus. Castoreum moscoviticum Canadensi triplo praestat.

Ferae.

Viverra Zibetha. (Asiatische Zibethkatze) intra grad. 31 lat. sept. et 9 austr. [4]) Efferata in Amboina (Valentyn) Mexico, Cuba; indigena in Zelonia, Bengalia, Hindostan, Sunda-Insul. Philippinis [5]) et al.

— Civetta. (African. Zibethkatze) Observatur in plurimis Africae regionibus gradum lat. austr. 25 et 31 lat. bor. interjacentibus: Mozambique [6]), Habessinia [7]), Congo [8]) et al. — Morbis nervorum, apoplexiae, stecilitati et al. oppositum a medicis fuisse non tantum Castelli et Aldrovandus et Pharmacopoeae multae [9],[10],[11]) sed primus docuit Avicenna [12]).

---

[1]) Buffon. T. VIII. p. 302. [2]) Gesner, hist. anim. I. 337.
[3]) Strabonis, rerum geograph. Lib. III. c. 4. p. 437.
[4]) Brandt et Ratzeburg, infra laud. I. p. 5. ubi — pg. 6. methodus, qua Barbari Zibethum sibi conciliant, exacte describitur et tabula illustratur.
[5]) Allg.Reisen. Bd. II. 427. [6]) Santos in Parchus. Polg.II. pg. 1545.
[7]) L'Afrique de Marmol. T. I. p. 57.
[8]) Pigafetta, Realmie di Congo. p. 32.
[9]) Pharmacop. gen. Argentor. 1783. I. p. 217.
[10]) Dispensat. reg. et elect. Borusso-Brandenb. Berol. 1781. p. 44.
[11]) Neues Edinb. Dispensat. v. Hahnemann. Lips. 1797. p. 574.
[12]) Canon s. Encyclopaedia med. arabica. Romae 1593. lib. II. c. 32.

De geographia animalium medic. conferrantur:

H. Cloquet, Faune des médecins, ou histoire des animaux et de leurs produits. Publié en 40 Livr. Paris 1832—34. (Opus quod evolvisse nobis quidem non contigit.)

Getreue Darstellung u. Beschreib. d. Thiere, die in der Arzneimittellehre in Betracht kommen, von J. F. Brandt u. Dr. J. T. C. Ratzeburg. Berlin 1830—33. (Opus praestantissimum, mira eruditione excellens, cui plurimum debemus.

„Tam arcta enim sunt scientiarum inter se vincula, ut aliis prorsus posthabitis non uni soli tanquam Polypum saxo infixos et addictos esse liceat; quia fieri non potest ut uno obtutu universam naturam recte consideremus, nisi prius singula solerter tractaverimus."

A. de Humboldt.

THESES

I. De emendanda quadam *ad medicinae studium* via.

Qui de morbis praecepta e cathedris tradunt, si cuiusvis morbi formae exemplar tironibus ante oculos ponerent, aegrotantem inquam ipsum vel, si non in promtu sit, „praeparatum" vel tabulam accurate delineatam, tam de pathologia et therapia doctrinam dilucidiorem, quam discipulos clinicis institutionibus fruendis magis idoneos redderent.

II. *Ad rem physicam.*

Experimentis, quae viro ill. ***Faraday*** instituisse nuperrime contigit, demonstrare audeo, *lucis et magnetismi phaenomena ex eodem fonte* profluere.

III. *Ad rem chemicam.*

Quae cum morbis pari passu incedunt turbationes chemismi vitalis, non in morborum materiis specificis, sed in alienata ratione mutua quantitatis partium hominem sanum constituentium quaerendas et inveniendas esse judico.

IV. *Ad anatomen.*

Linguae nervos ansis necti atque ramos linguales nervi trigemini utriusque lateris in apice linguae se excipere defendam.

V. *Ad anatomen et physiologiam comparatam.*

Musculus quidam novus, compressor venae dorsalis penis, erectioni fautor, in brutis quibusdam singulisque hominibus, rarissime licet ab ischiocavernoso separandus, observatur.

VI. *Ad physiologiam.*

Novum caput „de indole ac natura *rudimentorum*" constituendum proponam, ad quod pertineant de thymo, de renibus succenturiatis aliisque disquisitiones comparatae.

VII. *Ad pathologiam.*

Quemadmodum arthritidem incongruam a congrua distinguimus, ita speciem delirii trementis dignovi peculiarem, quae quum in debilitatis tantum obveniat, nec unquam, continuato ipso spirituosorum abusu, in delirium genuinum transgrediatur, „delirium subtremens" nominari potest.

VIII. *Ad therapiam.*

Tertium quemque aegrotantem remediis alvum leniter ducentibus in integrum restituam.

IX. *Ad materiam medicam.*

Nervina nervosae febri non medentur.

X. *Ad artem chirurgicam.*

In scirrhosa recti degeneratione, istius intestini exstirpatio instituenda est, ita quidem: ut orificium ani circumcisione solvatur, partes degeneratae protrahantur et abscindantur, reliqua tandem eaque integra recti pars sutura nodosa connectatur.

XI. *Ad artem obstetriciam.*

Placentam plerumque in dextro fundi uterini latere positam esse, stethoscopio duce negaveris.

XII. *Ad medicinam publicam.*

Vulnerum *ante et post mortem* inflictorum, diagnosis in cadaveribus tuta et nulla.

XIII. *Geographia medicinali* evincitur:

Varioloides non esse variolas vaccina modificatas.

XIV. *Ad medicinae historiam remque literariam.*

De facie polymorpha, quam medicina saeculi decimi noni prae se fert aeque ac de literatura medica universa, desiderantur opera critica.

Nonnulla de opusculi instituto.

PARS PRIOR.

DE GEOGRAPHICIS CORPORUM ORGANICORUM ET MORBORUM CONDITIONIBUS.

Liber primus.

De fundamento plantarum, animalium, hominum et morborum geographico

s. de soli indole

Liber secundus.

De climatologia medica

s. de aëre, aquis et locis.

[His perpaucis hactenus adumbratis restant summatim indicata haec:]

Liber tertius.

De nosogeographia

s. de distributione morborum secundum coeli temperiem et altitudinem montium.

PARS POSTERIOR.

DE CORPORIBUS ORGANICIS ET MORBIS IN SINGULIS TERRIS CUM STATISTICE RELATIS.

Liber quartus.

De plantarum animalium hominumque

geographiae cum statistice medica nexu.

Liber quintus.

De re medica in singulis terrae regnis.

I. Regna in zona torrida — in qua plantarum animalium et morborum maxime occurrunt.

v. c. De India orientali.

A. De Indiae nosogeographia.
  1) de morbis terrae veluti addictis, endemicis.
  2) De morbis Indorum sporadicis frequentioribus.
  3) De morbis epidemicis, qui tam e sporadicis prodire, quam in endemicos transire possunt.

B. De Indorum Statistice.
  1) De iis quae contra morbos sponte nascuntur: de fontibus soteriis et al.
  2) De iis quae contra morbos publice instituuntur.
    a) de salute publica et politia medica.
    b) de singulis institutis atque instituendis.

II. Regna in zona temperate calida.
III. — — — temperata.
IV. — — — temperate frigida.
V. — — — gelida — de qua, quum plantae animalia homines et morbi polos versus sensim evanescant, exeunte libro agetur.

Bei Fragen zur Produktsicherheit wenden Sie sich bitte an:
If you have any questions regarding product safety,
please contact:

Walter de Gruyter GmbH
Genthiner Straße 13
10785 Berlin
productsafety@degruyterbrill.com